8°-V
25244

AF469012

SOCIÉTÉ
DES
INGÉNIEURS CIVILS DE FRANCE
FONDÉE LE 4 MARS 1848
Reconnue d'utilité publique par décret du 22 décembre 1860
10, Cité Rougemont, 10
PARIS

LE CANADIAN PACIFIC RAILWAY

PAR

MM. L. PÉRISSÉ & A.-V. ROY

EXTRAIT DES MÉMOIRES DE LA SOCIÉTÉ DES INGÉNIEURS CIVILS DE FRANCE
(Bulletin d'avril 1894).

PARIS
10, cité Rougemont, 10

1894

SOCIÉTÉ
DES
INGÉNIEURS CIVILS DE FRANCE
FONDÉE LE 4 MARS 1848
Reconnue d'utilité publique par décret du 22 décembre 1860
10, Cité Rougemont, 10
PARIS

LE CANADIAN PACIFIC RAILWAY

PAR

MM. L. PÉRISSÉ & A.-V. ROY

EXTRAIT DES MÉMOIRES DE LA SOCIÉTÉ DES INGÉNIEURS CIVILS DE FRANCE
(Bulletin d'avril 1894)

PARIS
10, Cité Rougemont, 10

1894

La communication de cette étude a été faite à la Société des Ingénieurs Civils dans sa séance du 6 avril 1894 par M. Lucien Périssé qui, ayant été envoyé en Amérique par M. le Ministre du Commerce et de l'Industrie, a rapporté de son voyage une série de photographies dont les principales ont été projetées au cours de la séance.

LE

CANADIAN PACIFIC RAILWAY (1)

PAR

MM. L. PÉRISSÉ et A.-V. ROY

Le réseau du *Canadian Pacific Railway* constitue une des plus importantes lignes transcontinentales américaines; c'est la plus courte de celles-ci, car c'est la plus septentrionale et ses trains circulent directement d'un océan à l'autre.

Dès 1871, le gouvernement du Canada reconnut qu'il fallait créer une ligne pénétrant dans l'intérieur du pays et une charte fut même accordée à une Compagnie pour la construction de la ligne, mais sans résultats.

Peu après, on sentit de nouveau le besoin de grouper les provinces de ces immenses pays, en les mettant en communication les unes avec les autres. A cette époque, Winnipeg n'était qu'un poste de la Compagnie de la baie d'Hudson, et le commerce des

(1) LISTE DES DESSINS JOINTS AU MÉMOIRE
(Planches 103 et 104).

pelleteries se faisait vers les États-Unis, par la vallée de la rivière Rouge. Le Gouvernement résolut d'entreprendre la construction lui-même, mais en deux ans et demi, on ne parvint à tracer et à établir que 713 milles de voies, répartis en plusieurs sections. Ces premiers travaux montèrent déjà à 35 millions de dollars (180 000 000 de francs).

La Compagnie du Canadian Pacific Railway fut établie par une Charte de 1880. Le Gouvernement lui donnait un subside de 25 millions de dollars, lui accordait 25 millions d'acres de terrains de chaque côté de la ligne, et lui remettait les parties de la ligne déjà construites ; de plus, il garantissait un revenu de 3 0/0 du capital jusqu'en août 1893. Notons en passant que la Société Générale de Paris et MM. Kohn, Reinach et Cie souscrivaient 1/6 du capital, soit environ 4 millions de francs.

La Compagnie s'engageait à terminer la ligne en dix ans, c'est-à-dire pour le 1er mai 1891.

Grâce à l'énergie indomptable des directeurs, au travail énorme des ingénieurs et des arpenteurs, cette gigantesque entreprise fut menée si rapidement à bonne fin, qu'en novembre 1885, plus de cinq ans avant le délai fixé, les trains circulaient entre le lac Supérieur et l'océan Pacifique. En juillet 1887, Montréal était relié à son tour directement avec Vancouver.

Si maintenant on jette les yeux sur la carte du réseau *(fig. 1)*, on voit que de Montréal rayonnent quatre lignes principales : deux à l'est, deux à l'ouest.

Des deux premières, l'une descend la vallée du Saint-Laurent, sur la rive gauche, jusqu'à Québec et a son importance surtout en hiver, où la navigation du fleuve est suspendue ; la ligne se prolonge jusqu'à Sainte-Anne de Beaupré, le lac Saint-Jean et la vallée du Saguenay, desservant ainsi les lieux de pèlerinage, de villégiature et de colonisation du golfe du Saint-Laurent.

L'autre ligne passant par Sherbrooke, traverse l'État du Maine (Etats-Unis) pour rentrer au Canada par le Nouveau-Brunswick, Saint-Jean et Halifax. Pour la construction de cette ligne le Gouvernement accorda un subside de $ 186 000 annuellement pendant vingt ans. La ligne fut construite par la « North Western Railway C[o] » qui fut bientôt englobée dans la grande Compagnie, et la ligne fut ouverte en décembre 1888

Les lignes qui partent à l'ouest de Montréal entrent en plein cœur du pays. L'une passe par Toronto, descend à travers la province d'Ontario jusqu'à la rivière de Detroit ; là, de grands bacs à vapeur prennent les « cars » pour les déposer sur les voies américaines, en attendant que, comme le Grand Trunck, l'autre Compagnie canadienne, on construise un tunnél sous la rivière. Un embranchement se détache de Toronto pour aboutir à Owen-Sound, sur la baie Georgienne d'où part la ligne de Steamboats du lac Supérieur.

Enfin, la quatrième ligne, et la plus importante de beaucoup, est la **Grande Ligne Intercontinentale**. Celle-ci remonte la vallée de la rivière Ottowa, qu'elle traverse en face de la capitale; de là, malgré un léger crochet au sud jusqu'à Carleton-Junction, où vient aboutir un embranchement de Toronto, elle continue à suivre l'Ottawa, qu'elle ne quitte que pour passer dans le bassin des grands Lacs.

A Sudbury, la célèbre région du nickel et du cuivre, elle laisse à gauche l'embranchement du Sault-Sainte-Marie, puis, traversant une région inculte, elle longe le bord septentrional du lac Supérieur pour arriver enfin à Fort-William. Ce port, créé par la Compagnie à l'embouchure de la rivière Kaministika, est plus sûr que son voisin Port-Arthur; c'est là qu'aboutit la ligne de bateaux qui part d'Owen-Sound, et trois grands élévateurs y servent au chargement du blé qu'on envoie dans le Bas-Canada et aux États-Unis.

A partir de Fort-William, la ligne traverse pendant 700 kilomètres une région inculte et sauvage, à peine explorée, vaste chaos de rochers granitiques, de lacs et de maigres forêts où les Indiens seuls savent trouver leur existence. Cependant, Rat Portage, sur le Lac des Bois, est célèbre par ses scieries. Kewatin, à quelques milles plus loin, possède un important moulin actionné par une chute d'eau. Cent cinquante milles plus loin, la ligne tourne au sud pour arriver à Winnipeg « la reine des prairies ».

Autour de cette ville rayonnent de nombreux embranchements, dont deux vont au sud se raccorder aux lignes américaines, — sans compter une troisième ligne concurrente qui n'appartient pas au Canadian Pacific Railway. — D'autres embranchements pénètrent dans le district de Deloraine et dans celui de Souris, où, au commerce agricole, se joint l'exploitation des houilles de surface. Au nord, deux lignes, celle de West Selkirk et Stonewall, sont destinées à être prolongées à travers les régions des lacs Winnipeg et Manitoba, jusqu'à la baie d'Hudson.

En quittant Winnipeg, la ligne traverse la prairie, plaine fertile, comme le prouvent les nombreux élévateurs à blé que l'on rencontre à chaque station de quelque importance ; là, peu d'ouvrages d'art. La ligne a coûté peu d'établissement et est d'un excellent rendement. A Portage-la-Prairie et à Brandon, se détachent les lignes de Manitoba et Nord West Railway qui remontent la rivière Assiniboine.

A Régina, la voie laisse au nord la ligne de Prince-Albert et Battleford sur la vallée de la Saskatchewan. Près de Medicine Hat, une ligne à voie étroite de 100 milles de longueur amène le charbon des importantes mines de Lethbridge. A Calgary, déjà situé à 1 200 mètres au-dessus du niveau de la mer, se détachent parallèlement aux Montagnes-Rocheuses, deux lignes dont l'une monte au nord sur Edmonton où commence la navigation sur la Saskatchewan du nord, — nombreux gisements de charbon. — L'autre descend au sud jusqu'à Fort Mac Leod, où se trouvent de très importants « ranges » d'élevage.

Enfin la voie commence à gravir les premières pentes des Montagnes-Rocheuses. A Banff, le Canadian Pacific Railway a bâti un superbe hôtel au milieu de Park National Canadien, au pied du Castle Mountain, point culminant des Montagnes-Rocheuses au Canada ; à la station du Mont-Stephen, — 1765 mètres au-dessus du niveau de la mer, — la voie passe la ligne de partage des eaux pour descendre par la passe du « Cheval-qui-Rue » jusqu'à la rivière Colombia, sur le bord de laquelle est bâti Donald, le terminus de la Western division du chemin de fer. La ligne franchit alors les monts Selkirks par la passe qui porte le nom du Major Roger, qui l'a découverte en 1883, et traverse une seconde fois la rivière Colombia qui coule vers le sud et est utilisée à relier Revelstoke avec les lignes du lac Kootenai et de Spokane Falls aux États-Unis.

Après avoir traversé la passe de l'Aigle, la voie descend sur le versant proprement dit de l'océan Pacifique, elle suit le bord du lac Shuswap, d'où part un embranchement sur Vernon dans le district argentifère d'Otanagan. Par la vallée de la rivière Thompson et celle de Fraser, elle descend jusqu'à l'océan Pacifique, tantôt à travers d'étroits cañons, tantôt dans les élargissements de vallées où la culture des fruits et des légumes, aussi bien que l'exploitation forestière, se font à bon marché avec la main-d'œuvre chinoise.

Mission Junction, où viennent aboutir les lignes américaines de l'État de Washington, Port Moddy où la ligne s'arrêtait en 1885, enfin Vancouver, 13 milles plus loin, sur le bord d'un profond « inlet » qui forme un port naturel splendide. Cette ville, qui n'a pas encore dix ans d'existence, compte aujourd'hui 20 000 habitants, elle possède d'importantes scieries, et est le port d'attache de la ligne du Canadian Pacific Railway pour la Chine.

Victoria, la capitale de la Colombie anglaise, est située dans l'île Vancouver, à environ 90 milles marins du terminus de la voie; à quelque distance de là, Esquimalt est un port en eau profonde, où la marine anglaise a créé sa station navale du Pacifique. Une ligne de chemin de fer a été construite dans l'île jusqu'à Nanaïmo, le centre du district minier, d'où l'on tire un excellent charbon dont les États-Unis eux-mêmes viennent s'approvisionner pour leur marine militaire, ainsi que pour leur consommation privée de San-Francisco et de toute la côte.

Nous avons laissé de côté les lignes dites « en connexion » qui, sous un autre nom, sont les sœurs jumelles de la grande ligne, et qui en ont les mêmes directeurs.

L'embranchement du Soo — comme on écrit en abrégé pour Sault-Sainte-Marie — suit le rivage du lac Huron, où l'on trouve des minerais précieux, des bois de construction et aussi de bonnes terres de colonisation. La ligne traverse la rivière Sainte-Marie sur un grand pont métallique, et entre aux Etats-Unis dans deux directions. Les noms de Duluth, South Shore Railway et de Saint-Paul, Minneapolis et Sault-Sainte-Marie Railway, suffisent pour indiquer les contrées traversées. De Minneapolis, la ligne se prolonge vers le nord-ouest et doit prochainement, en traversant le North Dacota, rejoindre les lignes du Manitoba et arriver près de Régina.

Quand on jette les yeux sur la carte du Canada, on voit que c'est le Canadian Pacific Railway qui a amené la vie et la prospérité dans les régions fertiles du Canada central, qui étaient restées si longtemps incultes. Comme le montrent les quelques chiffres suivants, le trafic a augmenté d'année en année; les recettes et les dépenses annuelles ont été les suivantes :

	1887	1889	1891	1887	1889	1891
	$	$	$	f	f	f
Recettes. . .	11 606 400	15 369 140	20 241 000	60 000 000	80 000 000	105 000 000
Dépenses. . .	8 102 294	9 241 300	12 231 436	42 000 000	48 000 000	64 000 000

Voici comment s'établissait le premier janvier 1892 le bilan de la Compagnie :

ACTIF	DOLLARS	FRANCS	PASSIF	DOLLARS	FRANCS
Prix de la ligne. .	159 448 722	825 944 380	Capital social. . .	65 000 000	336 700 000
Matériel roulant. .	13 887 211	71 935 753	Oblig. sur hypothèque	47 956 686	246 415 633
Steamers	3 950 539	20 463 792	Dette 4 °/₀	19 770 492	102 411 149
Ateliers.	1 228 923	6 365 821	Obligations foncières	18 420 001	95 446 685
Avance sur terrains.	1 415 899	7 334 357	Subsides du Gouvern.	25 348 661	131 306 064
Fonds de garantie .	3 712 532	19 230 916	Propriétés foncières.	24 907 442	129 020 550
Divers.	16 882 522	97 451 464	Divers	5 114 845	26 494 897
En caisse	6 027 879	31 224 413			
TOTAL. . .	206 554 127	1 069 950 376	TOTAL. . .	206 554 127	1 069 950 378

Profil de la ligne. — Nous donnons le profil général *(fig. 2)* de la grande ligne entre Montréal et Vancouver, et l'on peut se rendre compte, en consultant ce dessin, de l'allure générale du passage des Montagnes-Rocheuses. Nous donnons de plus le profil détaillé *(fig. 3)* d'une partie de la ligne (la grande ligne à son départ de Montréal) pour montrer la façon dont sont établis ces profils.

Comme complément au profil de la ligne, nous donnons (page suivante), sous la forme d'un tableau, les principaux renseignements sur les points desservis par le Canadian Pacific Railway.

La ligne principale transcontinentale d'Halifax à Vancouver a donc une longueur totale de 3 660 milles, c'est-à-dire 5 860 *km*.

Voici enfin comment se décompose la longueur des diverses lignes du Canadian Pacific Railway :

	Milles	Kilomètres
Ligne principale Montréal-Vancouver. .	2 904,6	4 647
Eastern Division, — Québec, etc. . . .	535,3	856
Embranchements du Haut-Canada. . .	654,3	1 047
Embranchements du Pacifique. . . .	19,5	33
Division d'Ontario	1 728,9	2 766
Lignes de l'Alberta et du Saskatchewan	550,4	881
Lignes diverses.	286,0	458
TOTAL	6 679,0	10 696

Si on ajoute à cela les lignes des États-Unis sur lesquelles l'influence de la Compagnie se fait sentir, à savoir : Détroit à Chicago; Sault-Sainte-Marie à Duluth et Saint-Paul Minneapolis, en tout

VILLES	MILLES	KILOMÈTRES	ALTITUDE EN MÈTRES	POPULATION
Montréal	»	»	25	250 000
Trois-Rivières	95	155	19	10 000
Québec	172	275	8	70 000
Sherbrooke	108	172	50	12 000
Frédéricton	437	699	30	10 000
Saint-John	481	769	0	45 000
Halifax	756	1 210	0	40 000
Toronto	344	550	123	190 000
Owen Sound	466	745	195	8 000
Ottawa	120	192	40	48 000
Carleton	148	237	139	5 000
Mattawa	318	509	189	1 800
North Bay	364	582	201	1 800
Sudbury	443	709	284	1 700
Port-Arthur	993	1 589	227	3 500
Fort-William	998	1 597	227	2 800
Rat-Portage	1 291	2 066	364	2 000
Winnipeg	1 424	2 278	233	29 000
Portage-la-Prairie	1 480	2 368	270	4 200
Brandon	1 557	2 391	383	5 400
Broadview	1 688	2 700	650	600
Qu'Appelle	1 748	2 797	685	950
Regina	1 781	2 849	625	2 200
Moosejaw	1 822	2 915	575	600
Swift-Current	1 935	3 096	800	300
Medicine-Hat	2 084	3 334	716	1 000
Calgary	2 264	3 622	1 127	4 500
Cochrane	2 287	3 659	1 195	—
The Gap	2 326	3 722	1 400	—
Canmore	2 331	3 730	1 410	200
Banff	2 346	3 754	1 500	Hôtel
Stephen	2 387	3 789	1 765	Hôtel
Field	2 397	3 835	1 350	Hôtel
Golden	2 430	3 888	850	300
Donald	2 448	3 917	845	200
Passe-Roger	2 479	3 966	1 425	—
Glacier	2 483	3 973	1 274	Hôtel
Revelstoke	2 526	4 042	384	2 000
Kamloops	2 654	4 246	387	500
North-Bend	2 777	4 443	142	Hôtel
Yale	2 803	4 485	70	1 200
Mission Junction	2 863	4 580	19	200
N. Westminster	2 888	4 611	6	8 000
Port-Moody	2 893	4 629	6	—
Vancouver	2 904	4 647	3	20 000
Victoria	2 990	4 784	0	20 000

environ 1 100 milles, on arrive au total de 8 000 milles (12 800 *km.*)

Après avoir ainsi indiqué à grands traits les origines du Canadian Pacific, son réseau et l'importance de cette ligne, nous entrerons plus avant dans la question; c'est la façon dont il a été construit, dont il est exploité et enfin ses services annexes que nous allons maintenant essayer de vous faire connaitre.

Pour cela, nous avons divisé l'étude qu'on va lire en six chapitres principaux :

1° Construction et ouvrages d'art comprenant l'établissement de la voie, la construction des ponts, des stations, etc.
2° Divisions administratives — Personnel — Trafic.
3° Locomotives et charrues à neige.
4° Wagons.
5° Colonisation et Hôtels.
6° Services annexes : Télégraphes, Express, Bateaux, etc.

CHAPITRE PREMIER

Construction et Ouvrages d'art.

Les services techniques sont dirigés à Montréal, par l'Ingénieur en chef, qui centralise tout ce qui a rapport à l'établissement des ouvrages nouveaux : arpentages, ponts en métal ou en maçonnerie, construction des hôtels, des gares, des élévateurs, etc., etc. De plus, dans chaque division, un Ingénieur est plus spécialement chargé de l'inspection, de l'entretien et de la réparation des ouvrages d'art de sa division.

En général, la haute direction des chemins de fer américains a-t-elle bien compris la nécessité de s'entourer d'hommes sachant manier la science pour la réalisation d'œuvres à la fois solides et bon marché? Nous n'osons pas l'affirmer. Il n'en est pas de même au Canadian Pacific et le temps n'est plus où l'on considérait les Ingénieurs comme un « mal nécessaire » suivant la jolie expression d'un des anciens directeurs.

La voie.

Le Canadian Pacific Railway a été construit à la manière des chemins de fer américains, dont il est un des types les plus parfaits.

Plus que partout ailleurs peut-être, on a cherché le tracé le plus économique de construction, en même temps que le plus rapide d'établissement, comme nous l'avons déjà vu plus haut.

Il faut d'abord bien se pénétrer des différences constitutionnelles entre les chemins de fer en Amérique et nos lignes françaises. Ces dernières sont créées pour desservir des agglomérations plus ou moins considérables et plus ou moins fertiles, mais dont le rendement est parfaitement connu à l'avance. En Amérique, au contraire, il ne s'agit plus de faciliter des transports qui existent déjà par des routes ou des canaux, il s'agit de *créer un trafic* qui n'existe pas du tout. La voie s'avance dans des pays neufs, à peine explorés; elle y amène des pionniers et des outils, elle en remporte les produits du sol dès la première année.

Il est donc nécessaire de construire vite et économiquement; pour cela on évitera, autant que possible, les ouvrages d'art, suivant les vallées malgré leurs détours, grâce à la flexibilité du matériel à boggies. Le prix de revient de la ligne principale du Canadian Pacific Railway a été, malgré cela, de 166 000 *f* le kilomètre, à cause des grandes difficultés qu'on a éprouvées au lac Supérieur et aussi dans les Montagnes-Rocheuses; quant au prix moyen sur l'ensemble des lignes de la Compagnie il a été de 123 000 *f* le kilomètre.

Actuellement, maintenant que le trafic du Manitoba commence à s'établir d'une façon définitive, les Ingénieurs rectifient peu à peu le tracé primitif, améliorant la voie par des travaux d'art, de façon à permettre le passage de trains plus pesants et plus rapides.

Dès maintenant on prévoit l'établissement d'une seconde voie; quand le mouvement commercial se sera encore accentué, on pourra créer, dans les parties les plus chargées de la ligne, une autre double voie à côté de la première. — comme cela existe en maints endroits aux États-Unis; — cette deuxième voie sera construite plus sévèrement, avec des rails plus lourds et des traverses meilleures, un ballast plus profond; elle sera plus particulièrement réservée aux trains de voyageurs, tandis que l'ancienne voie servira aux trains de marchandises.

Dans la construction de la voie elle-même, on emploie des moyens inconnus en Europe, par exemple dans l'établissement des remblais; comme il arrive que l'on manque de déblais, puisqu'on évite autant que possible les tranchées et les tunnels, on traversera tout d'abord les dépressions de terrain au moyen de chevalets en bois ou « tresstles ».

Nous dirons quelques mots du « standard tresstle » *(fig. 4)*, mais auparavant expliquons ce mot *standard*, qui reviendra souvent au cours de cette étude. — Un ouvrage standard est un ouvrage composé de telle sorte qu'il constitue un type applicable dans le plus grand nombre de cas : c'est ainsi que l'on a une travée standard de 100 pieds, un ponceau standard de 20 ou 30 pieds, ouvrages dont tous les calculs, les dessins ou les modèles sont prêts et qu'on peut commander sans retard à un atelier ou à un entrepreneur.

Donc, le chevalet standard a les dimensions suivantes : il est composé d'étages ayant environ 25 pieds de haut; la plate-forme supérieure, formée par les traverses de la voie, a 14 pieds (4,75 *m*) de large. Au centre, deux pièces verticales de 12 × 12 (305 *mm* × 305 *mm*) sont placées directement sous les rails, tandis que les pièces inclinées de 80° avec l'horizontale sont là pour maintenir le système. L'espace entre deux chevalets est de 15 pieds. Les bois employés sont exclusivement des pièces de 12″ × 12″ (305 × 305); 12″ × 3″ (305 × 76); 10″ × 3″ (254 × 76). On comprend qu'un tel chevalet peut avoir la hauteur qu'on désire, la base allant en augmentant en raison de la hauteur.

Nous avons réuni, dans le tableau suivant les chiffres relatifs à quelques hauteurs de chevalets; ces chiffres comprennent, pour le chevalet et la travée de 15 pieds, la quantité totale des bois exigés; le poids du fer, boulons, etc., le poids de la fonte et le prix par pied courant :

HAUTEUR DU CHEVALET	QUANTITÉ DE BOIS	FER	FONTE	PRIX PAR PIED COURANT
20 pieds	1 696 FBM (*)	73 lbs	25 lbs	$ 4,30
30 —	2 934 —	95 —	30 —	7,28
40 —	4 138 —	111 —	40 —	10,18
50 —	5 898 —	175 —	64 —	13,42
60 —	7 538 —	226 —	79 —	18,65
70 —	9 266 —	286 —	97 —	23,00

(*) FBM « Feet Board Mesure » Pieds, mesure de planche. C'est un solide ayant 1 pied carré de base et 1 pouce d'épaisseur
1 000 FBM = 2,36 m^3 — 1 m^3 = 424 FBM

Il ressort du détail des prix ci-dessus, que les prix sont les suivants :

Bois : S 35 les 1 000 FBM (soit 77 *f* le mètre cube).

Fer : $ 0,06 la livre (soit 0,69 *f* le kilogr.)
Fonte : $ 0,03 la livre (soit 0,35 *f* le kilogr.)

Ces ponts de chevalets sont à proprement parler des viaducs en bois; quelques-uns sont de grande hauteur et de grande largeur; un grand nombre sont en courbe, surtout ceux qu'on rencontre sur les bords du lac Supérieur.

Un des ponts de chevalets les plus connus est celui de Mountain Creek, qui a une longueur totale de 538 *m* avec une pente de 2,2 0/0. Il se compose de 20 chevalets en bois répartis sur les deux côtés de la vallée, avec un pont en bois central de 50 *m*; chaque chevalet a une hauteur moyenne de 42 *m*, et ils sont espacés l'un de l'autre de 10 *m*.

La répartition du matériel d'une travée de 10 *m* se fait ainsi :

Bois : 7 373 FBM.	Prix :	$ 258,00	1 342 *f*
Métal : 1 359 livres.	Prix :	68,00	354
Total. . .		$ 326,00	1 696 *f*

Le bois qui sert à la construction des chevalets se trouve souvent sur les bords mêmes de la voie, et la construction en est donc très économique. Le bois débité revient, en effet, à pied d'œuvre à environ $ 8,00 les 1 000 FBM, soit 18 *f* le mètre cube.

Quand, par suite d'un long service, l'ouvrage donne des signes de vétusté, on se décide à faire un remblai à la place des chevalets. Pour cela on ira, chercher la terre que fourniront les ouvrages d'art de rectification, — tunnels ou tranchées, — ces déblais sont chargés sur des trains composés de wagons plate-forme, reliés les uns aux autres par de petits ponts mobiles. Un fort madrier règne d'un bout à l'autre du train suivant l'axe des wagons; à cheval sur lui, et placée sur le wagon de queue, une charrue à double soc est reliée par un câble à la machine. On arrête le train sur les chevalets, on cale les roues des wagons, on décroche la machine et celle-ci s'avançant lentement, entraîne la charrue, qui déverse, en quelques minutes, toute la terre de chaque côté de la voie. Au bout de quelques semaines de ces opérations répétées, les chevalets sont complètement recouverts et pourrissent peu à peu dans le remblai qui les recouvre. On a donc ainsi réalisé deux conditions essentielles en Amérique : rapidité d'exécution et économie de main-d'œuvre.

La voie est analogue en Amérique à notre voie normale française, elle a 1,435 *m* entre les bords intérieurs des rails. L'entrevoie est en général de 3,95 *m*, mais la ligne transcontinentale est en voie unique, seulement les terrains ont été réservés pour permettre facilement plus tard l'établissement de quatre voies.

Traverses. — Grâce à l'abondance et au bon marché des bois, on peut employer des traverses très rapprochées; on y a d'autant plus intérêt que le bon ballast est souvent rare, aussi on se contente souvent d'un ballast très médiocre, en rapprochant les traverses à 0,50 *m* et même 0,40 *m* d'axe en axe. Le bois varie suivant le pays qu'on traverse; dans le bas Canada, elles sont faites en chêne, en tamarack *(Tsuga Canadiensis)*, ou en hemlock *(Larix Americana)*; dans le Far-West elles sont le plus souvent en cèdre. La traverse est en général un arbre de 8 pouces de diamètre simplement dégrossi sur deux faces, soit par un trait de scie, soit à la hache, lorsqu'on est loin des scieries; l'épaisseur de la traverse est alors de 6 à 7 pouces soit 16 *cm*. Le prix de revient varie naturellement beaucoup; dans les pays de rochers où il faudrait casser la pierre pour faire du ballast, on trouve du bois en abondance et le prix de la traverse revient de 6 à 15 cents environ à pied d'œuvre (soit 0,31 *f* à 0,78 *f*); dans la prairie, où le bois manque, mais où le ballast est excellent, la traverse revient à 1,30 *f* environ; aussi on en emploie moins, elles sont en général écartées de 2′-3″, soit 0,75 *m*.

Une grave question pour les chemins de fer, au Canada, réside dans l'entretien de la voie; celle-ci, sous l'influence des gelées et des dégels, subit des transformations des plus considérables; les rails, sous l'influence de températures extrêmes (de — 45° à + 35° centigrades, c'est-à-dire 80 degrés centigrades de différence) s'allongent et se contractent énormément, et l'on est obligé de rajouter en hiver de véritables petits bouts de rails entre certains joints; de plus, des soulèvements et des affaissements de la voie se produisent, et il est nécessaire de poser des coins en bois sous le rail et des cales sur le côté, en attendant que la terre soit devenue assez molle pour pouvoir changer la position des traverses.

Les traverses sont simplement posées dans le ballast et ne sont pas en général recouvertes par lui; comme elles ne subissent aucune préparation chimique, leur durée n'est pas très longue et on compte qu'il faut en moyenne les changer tous les quatre ans.

En ce qui concerne la voie proprement dite, nous donnons le profil détaillé tel qu'il est établi par les Ingénieurs pour la surveillance et l'entretien de la voie. Notre dessin *(fig. 3)* donne le profil de la grande ligne intercontinentale à son départ de Montréal; remarquons en passant combien le nom de ces stations voisines de la capitale ont un bon aspect de vieux français.

Le dessin indique la classe des stations au moyen de drapeaux de forme différente pour chacune; il indique les signaux et les réservoirs d'eau. Puis le profil a été établi en prenant la cote 150 pieds (45,75 *m*) au-dessus du niveau de la mer, qui est le niveau minima en été du fleuve Saint-Laurent. Il donne les pentes et rampes en pieds par mille, le numéro des sections de la voie, les poteaux de distance de 5 en 5 milles, les courbes leur longueur et leur degré, enfin le nom de la paroisse et du comté traversé par la ligne.

Chaque station porte la distance qui la sépare de Montréal, d'un côté, et de l'extrémité opposée de la section de la ligne, de l'autre.

Les pentes ne dépassent généralement pas 25 *mm* par mètre. Cependant la rampe de la passe du Cheval-qui-Rue atteint 4,37 *mm* par mètre; on essaiera au printemps prochain de remplacer les locomotives à vapeur par des machines électriques, de nombreuses chutes d'eau assurant toute la force motrice nécessaire.

Quant aux courbes, elles sont nombreuses, puisqu'elles représentent environ 25 0/0 de la longueur totale de la ligne. A ce sujet, rappelons qu'aux États-Unis on désigne une courbe non par son rayon, mais par la mesure de l'angle correspondant à une corde de 100 pieds.

Voici, du reste, un tableau comparatif de courbes en degrés et de courbes en rayon par mètre :

Courbe de	1°	1 747*m*	de rayon.
—	2°	873	—
—	3°	582	—
—	4°	437	—
—	5°	349	—
—	6°	291	—
—	7°	249	—
—	8°	218	—
—	9°	194	—
—	10°	175	—

Généralement, les courbes maxima sont de 8°, mais éventuellement on va jusqu'à 10° et même 11°; temporairement on a même été jusqu'à 23°. Le rail extérieur est surélevé d'un demi-pouce (12 *mm*) par degré pour les vitesses ordinaires. Dans la ligne, entre Montréal et Halifax par le Maine, où l'on obtient des vitesses assez fortes, on va souvent jusqu'à une surélévation d'un pouce par degré (25,4 *mm*).

La surélévation est complète au commencement de la courbe; on y arrive progressivement en élevant d'un demi-pouce par longueur de rail, soit un pouce par 60 pieds; il arrive parfois qu'on surélève le rail extérieur de moitié et qu'on abaisse le rail intérieur d'autant.

Dans les cas de moindres vitesses, on diminue beaucoup la surélévation; au pont de Stony Creek, par exemple, la voie fait une courbe de 11° avec une pente de 2,10 0/0, la surélévation totale n'est même pas de trois pouces, car la vitesse est limitée à 18 milles à l'heure (à la descente).

Pour terminer cette question de surélévation du rail dans les courbes, nous donnons la formule généralement employée en Amérique pour ce calcul :

$$S = \frac{V^2 \times G}{R \times 32,2}$$

V, vitesse en pieds par seconde;
G, jauge en pouces;
R, rayon de la courbe en pieds;
S, surélévation en pouces.

Rails. — Les rails sont du type Vignole en acier de 30 pieds de long (9,15 *m*) et pèsent 56,60 et 72 livres par yard (28 à 36 *kg* le mètre) (*fig. 5*).

Les éclisses sont en fer, de deux sortes : angulaires, pesant 35 livres la paire; leur longueur est de 24 pouces; droites, pesant 20 livres la paire et ayant 20 pouces de long.

Les joints sont, soit suspendus, soit sur traverses, mais, en général, les joints de chaque rail ne coïncident pas l'un avec l'autre. Du reste, tous ces détails varient beaucoup suivant les parties de la ligne.

Les expériences faites il y a deux ans ont donné les résultats suivants :

	RAIL DE 56 LIVRES	ÉCLISSES PAR PAIRE	RAPPORT DU RAIL A L'ÉCLISSE
Section	3 360 *mm*²	2 919 *mm*²	87 °/₀
Rayon de giration. . . .	39,8 *mm*	21,8 *mm*	54 °/₀
Moment d'inertie	12,87	3,33	26 °/₀
Limite d'élasticité (charge au centre)	30 420 *kg*	9 950 *kg*	33 °/₀

Les qualités du métal ayant été reconnues insuffisantes pour le trafic actuel, le Canadian Pacific Railway a décidé de remplacer les rails de 56 livres et de 60 livres par des rails de 72 livres qui sont fabriqués à Joliet, près Chicago. On a déjà opéré la substitution sur 218 milles de voies.

Clôtures. — Les Compagnies de chemins de fer ne clôturent pas en général la voie sur leur parcours, mais lorsque la ligne coupe un chemin, un poteau avec l'inscription « traverse du chemin de fer — Railway Crossing » indique qu'il faut faire attention. Dans la traversée des villes, outre le poteau indicateur, on trouve une barrière, simple barre en bois pivotant à une de ses extrémités. Un système de barres et engrenages fait mouvoir en même temps les barrières de chaque côté de la voie et permet ainsi le passage des voitures. Dans la banlieue des villes, les voies sont en général clôturées d'une façon continue au moyen de ronces artificielles avec portes en bois, très rustiques, pour le passage des cultivateurs et de leurs bestiaux.

Les locomotives sont munies à l'avant d'un soc en bois ou en fer appelé « pilote » ou « chasse-vache », destiné à écarter les bestiaux qui pourraient s'égarer sur les voies non clôturées. On comprend que les Compagnies préfèrent souvent faire la dépense d'une clôture, dont le prix dépasse rarement 0,25 *f* le mètre courant, que de tuer des bestiaux pour lesquels elle doit une indemnité au propriétaire.

Une autre protection contre les bestiaux doit s'exercer aux passages à niveau ; rien n'empêche, en effet, de s'aventurer sur la voie au lieu de la traverser, et, une fois un troupeau engagé entre les clôtures, il est fort difficile de lui faire rebrousser chemin.

Pour remédier à cet inconvénient, on dispose de chaque côté du passage à niveau des « cattle guards ». Il y a un grand nombre de systèmes : l'un consiste à pratiquer une excavation de 1,50 *m* de profondeur sur 2 *m* de largeur ; elle occupe toute la distance entre les clôtures ; elle est formée de madriers en bois soutenant les terres et au-dessus d'elle passent les rails sur des longrines. Un autre système consiste à disposer entre les rails des lames de fer ou des pointes sur lesquelles les bestiaux ne peuvent s'engager. Du reste, il existe en Amérique un grand nombre de dispositions patentées, qui sont plus ou moins employées par les diverses Compagnies de chemins de fer.

Si l'on doit prendre des précautions contre les bestiaux, il est un autre ennemi qui n'est pas à dédaigner : *la neige*. Nous reparlerons plus loin des dispositions employées pour rejeter la neige hors de la voie : charrues et grattoirs ; mais nous dirons ici quelques mots des dispositions défensives et préventives qu'on est obligé de prendre contre cet obstacle.

La neige se présente sous une infinité de formes ; tantôt elle tombe en gros flocons, tantôt en petits grains ; certains jours elle est humide et s'attache à tout ce qu'elle rencontre ; certains autres, elle est sèche et fine comme du sable. Lorsqu'elle se présente sous ce dernier aspect, ce n'est pas au moment où elle tombe qu'elle est à craindre, mais lorsque, balayée par le vent, elle vient s'accumuler en masse compacte sur le premier obstacle rencontré. On comprend donc qu'en disposant le long de la voie des clôtures spéciales du côté de la direction du vent régnant, on arrivera à empêcher la neige de venir s'accumuler sur les rails. Ces clôtures n'ont pas besoin d'être pleines, et le tourbillon produit par le passage du vent à travers une barrière à claire-voie suffit pour arriver au résultat désiré.

On cherchera donc à faire ces clôtures très économiquement, puisqu'on en aura de grandes longueurs à établir. On les constitue avec des arbustes ou, si on n'en a pas à sa disposition, avec des planches brutes réunies d'une façon rustique. Pour éviter que, lorsqu'il y a des feux de prairies la barrière ne vienne à brûler, on remplace la planche inférieure par un simple fil de fer. Ces barrières ont une hauteur de 3 *m* dans les endroits très exposés ; le plus souvent, elles sont inclinées, et les pieds se replient à la manière d'un pliant, de façon à permettre de les enlever au printemps pour donner le champ libre aux cultures environnantes. La plupart de ces clôtures inclinées ont 1,50 *m* à 1,60 *m* de hauteur, mais, pour être efficaces, elles doivent être placées au moins à 15 *m* de la voie ; dans les endroits très exposés, on place une seconde barrière à environ 15 *m* de la première, c'est-à-dire à une trentaine de mètres de la voie.

En plusieurs endroits, on remplace les barrières par des murs de neige formés de blocs superposés, on plante une série de planches verticales dans le mur et, lorsque celles-ci sont recouvertes, rien n'empêche d'en planter une seconde série dans la neige accumulée et gelée autour des premières, et ainsi de suite.

Il est inutile d'ajouter que ces défenses contre la neige varient à l'infini et font l'objet de dispositions spéciales plus ou moins employées.

Dans la traversée des Montagnes-Rocheuses, on est obligé de construire des « snow shed » *(fig. 6)*, véritables tunnels en bois destinés à protéger la voie des avalanches qui descendent du versant de la montagne, ou bien à garantir la ligne à la traversée d'une tranchée ; dans ce dernier cas, le « snow shed » n'est qu'un simple toit ; mais dans le cas de construction à flanc de coteau, les « snow sheds » sont d'importantes constructions en charpente avec murs de soutènement, etc. Le Canadian Pacific Railway a cinquante-deux de ces « snow sheds » dans la traversée des Montagnes-Rocheuses, et quelques-uns n'ont pas moins d'un mille de longueur.

Ces constructions, outre leur prix élevé, ne sont pas sans autres inconvénients ; en hiver, il est très bon d'avoir un peu de neige sur la voie, car elle protège les rails contre la gelée ; d'autre part, en été, les rails deviennent gras sur une voie ainsi couverte, ce qui est fort désavantageux dans des endroits à forte pente, et enfin, la chance d'incendie est grande, quelque précaution qu'on prenne. Pour ces raisons, on établit une voie d'été en dehors du « snow shed » et on y passe toutes les fois que le temps le permet.

Ponts et ouvrages d'art.

Comme nous l'avons expliqué plus haut, le chemin de fer américain franchit les dépressions de terrain au moyen de chevalets le plus souvent en bois ; mais, là où l'établissement des chevalets est rendu impossible par une eau profonde et rapide, on construit des ponts qui sont également en bois.

Ponts en bois. — Calculés et construits avec le plus grand soin, ils se composent en général de pièces en croix, assemblées à mi-bois, réunies par de forts et longs boulons en fer ; les pièces de contreventement sont fixées aux poutres proprement dites au moyen de pièces de fonte, toutes les mêmes.

Les différentes travées du pont sont soutenues par des piles fondées sur pilotis, lorsqu'on est en rivière, ou bien elles sont portées par des pylônes souvent de très grande hauteur, quand on traverse un ravin.

L'exemple le plus hardi et le plus curieux de ces ponts en bois est celui de Stony-Creek, dans les Montagnes-Rocheuses *(fig. 7)*. Ce pont a une longueur totale de 157 *m*, avec une pente de 2,08 0/0. Il est composé de quatre travées ayant respectivement 30 *m*, deux de 57 *m* et 13 *m*. Le rail passe à environ 100 *m* au-dessus du fond du ravin, et le pylône principal en bois a 70 *m* de hauteur. Les travées en bois ont 8 *m* de hauteur sur 4,80 *m* de large ; chaque panneau des travées 3,20 *m*.

Les charges adoptées dans les calculs ont été :

Charges mortes : 2 660 livres par pied courant, soit 4 000 *kg* par mètre courant ;

Charges vives : 3 000 livres par pied courant, soit 4 500 *kg* par mètre courant.

Chaque panneau est, de plus, calculé séparément pour supporter un machine de 80 *t*.

Les ponts en bois ne peuvent être que temporaires. Après 10 à 12 ans de service, il est urgent de les remplacer par des ouvrages métalliques destinés à une très longue durée. C'est dans ce travail, par le choix du métal et le calcul approfondi des pièces, que les Ingénieurs du Canadian Pacific Railway sont arrivés à construire des ouvrages de premier ordre avec une grande économie.

Jusqu'à l'année dernière 600 ponts ont été remplacés et 95 autres sont actuellement en cours de transformation.

Ponts métalliques. — Les ponts américains ont été construits depuis longtemps, et sont encore établis, en partie, d'après le système dit « articulé » (pin connection). Les ponts de ce système ont une forme générale trapézoïdale, et sont de deux types principaux : à treillis simples (Pratt), et à treillis croisés (Whipple). Les barres qui forment les poutres sont constituées par des pièces simples ou composées, terminées par un œil à chaque extrémité, des boulons de forte dimension assurant l'assemblage des pièces entre elles. Les pièces travaillant à la traction sont, en général, des « barres à œil », qui peuvent être rapidement fabriquées en grande quantité; les pièces travaillant à la compression sont composées de fers en U réunis par des treillis.

Grâce à ce système de pièces articulées, la mise en place des ponts ne demande qu'un matériel et un personnel restreints, et le montage s'effectue avec rapidité.

De plus, le calcul des pièces articulées est facile et exact, puisque les différentes intersections des pièces du pont se font sur des axes communs, qui sont des boulons d'articulation. Leur grand inconvénient est qu'il suffit d'une négligence au moment du forgeage des pièces, pour occasionner plus tard la rupture d'une barre à œil et, par suite, la chute du pont tout entier. C'est pour cette raison qu'on adopte maintenant, dans certaines grandes Compagnies, le système à rivure rigide, d'après les méthodes européennes.

Les ponts sont de deux sortes : nous les désignerons sous les noms anglais de « through » et de « deck ». Les ponts « through » (*fig. 8*) sont ceux dans lesquels le tablier repose sur la semelle inférieure des poutres, tandis que dans les ponts « deck » (*fig. 9*), le tablier repose directement sur la partie supérieure des poutres. Les premiers sont principalement utilisés quand la hauteur disponible au-dessous du pont est faible, tandis que, pour les ponts situés à grande hauteur, on a avantage à employer les ponts « deck » qui sont plus économiques.

Les calculs doivent être basés sur des charges supposées les suivantes :

Deux machines type « Consolidation » (1), chaque essieu supportant un poids de 24 000 livres (10,8 *t*), l'essieu d'avant supportant 15 000 livres (6,75 *t*), et ceux du tender 21 250 livres (9,6 *t*) chacun.

Ce groupe de deux machines sera suivi d'un train pesant 3 000 livres par pied courant, c'est-à-dire 4 450 *kg* par mètre.

Pour plus de sécurité, on fait de même les calculs en supposant deux machines type Mogol (2) et de même deux machines à voyageurs (3).

(1) La locomotive « Consolidation » est une locomotive à quatre essieux couplés, avec truc d'avant à un seul essieu.

(2) La locomotive « Mogol » est une locomotive à trois essieux couplés avec truc d'avant à un seul essieu.

(3) La locomotive à Voyageurs est une locomotive à deux essieux couplés avec truc d'avant à deux essieux.

Les diagrammes suivants indiquent les poids et les dimensions de ces divers types de machine.

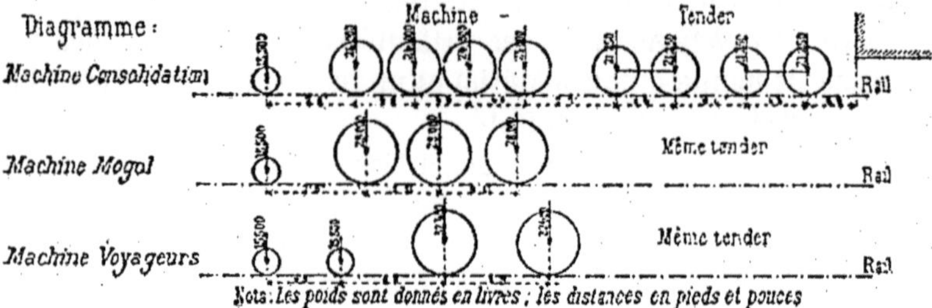

Dans les calculs préliminaires on emploie une formule (1) approchée, mais très pratique, qui donne immédiatement la charge morte équivalente à une charge roulante donnée.

Soient :

p, la charge morte du pont ;

P, le poids de la charge roulante (deux machines, d'une longueur l) ;

L, la portée de l'ouvrage.

On obtient immédiatement R, poids réparti sur L et donnant les mêmes résultats d'efforts que $P + p$, par la formule :

$$R = P - (P - p)\left(1 - \frac{l}{L}\right)^2.$$

Par la rapidité des calculs on a déterminé les coefficients suivants :

Pour les portées de 20 à 105 pieds ;

$$P = 4\,600 \qquad p = 3\,240$$

$$R = 4\,600 - 1\,360\left(1 - \frac{l}{L}\right)^2;$$

Pour les portées au-dessus de 105 pieds :

$$P = 3\,730 \qquad p = 3\,000$$

$$R = 3\,730 - 730\left(1 - \frac{l}{L}\right)^2.$$

Cette formule donne ainsi les maxima des moments fléchissants en chaque point pour la position la plus défavorable de P.

En général, dans les ponts établis dans les Montagnes-Rocheuses, on a majoré dans les calculs le poids des locomotives de 25 0/0,

(1) Cette formule est due à M. Vautelet, assistant Ingénieur en chef du Canadian Pacific Railway, membre de la Société ; il a obtenu, à ce sujet, la médaille annuelle de la Société des Ingénieurs civils canadiens.

et on a pris le poids du train attelé aux dites locomotives de 4 000 livres par pied courant (5 935 *kg* le mètre) au lieu de 3000 (4 450 *kg*).

Voici quelques indications que nous relevons sur le dernier cahier des charges du Canadian Pacific Railway, daté du 8 janvier 1894, et rédigé par M. E. Vautelet, assistant Ingénieur en chef sous la direction de M. P. A. Peterson, Ingénieur en chef de la Compagnie.

On emploie de préférence : les poutres à âme pleine pour les portées de 6 à 18 *m*, les poutres à âme pleine ou en treillis, de 18 à 40 *m*, et enfin les poutres en treillis ou bien les grandes travées articulées pour tout ce qui dépasse une portée de 40 *m*.

Les ponts se font aujourd'hui en acier dans la plupart des cas.

Les barres à œils qui composent les ponts du système articulé doivent donner aux essais les qualités suivantes :

	LIVRES PAR POUCE CARRÉ	KILOGRAMMES PAR MILLIMÈTRE CARRÉ
Ténacité minimum	58 000	40,7
d° maximum	65 000	45,7
Limite d'élasticité.	32 000	22,5
Allongement entre les repères. . .	sur 8 pouces : 25 °/.	sur 200 *mm* : 25 °/.
d° total.	sur 20 pieds : 10 °/.	sur 6,08 *m* : 10 °/.
Striction	40 °/.	40 °/.
(La fracture doit montrer partout un grain bien égal.)		

L'acier n'est accepté par la Compagnie que lorsque c'est de l'acier Martin fabriqué au procédé acide. L'acier Martin basique n'est accepté que dans certains cas. L'acier Bessemer n'est jamais accepté.

Le métal doit donner aux essais les résultats suivants :

	LIVRES PAR POUCE CARRÉ	KILOGRAMMES PAR MILLIMÈTRE CARRÉ
Ténacité minimum	58 000	40,7
d° maximum	65 000	45,7
Limite d'élasticité.	33 000	23,2
Allongement	sur 8 pouces : 20 °/.	sur 200 *mm* : 20 °/.
Striction	40 °/.	40 °/.

Quant au fer, qui est surtout employé pour les petites portées, il doit avoir les qualités suivantes :

	LIVRES PAR POUCE CARRÉ	KILOGRAMMES PAR MILLIMÈTRE CARRÉ
Ténacité	50 000	35,15
Limite d'élasticité.	26 000	18,23
Allongement	sur 8 pouces : 18 °/₀	sur 200 *mm* : 18 °/₀
Striction	25 °/₀	25 °/₀

Dans les calculs des barres en tension, les efforts maxima doivent varier pour l'acier de 10 000 à 12 000 livres par pouce carré, ce qui correspond à 7 à 8,5 *kg* par millimètre carré, suivant les pièces considérées.

Les pièces à la compression sont calculées par la formule suivante qui donne l'effort maximum p, c'est-à-dire la compression permise par pouce carré de section :

$$p = \frac{A}{1 + \frac{l^2}{Br^2}}.$$

Dans cette formule :

A = 10 000 pour l'acier (1).

B varie de 20 000 à 40 000, suivant les pièces considérées.

l, longueur de la pièce en calcul.

r, plus petit rayon de giration de la section (en pouces).

Dans les calculs relatifs aux variations de température, on suppose un écart de 180° Fahrenheit, soit 100° centigrades.

Quant aux efforts dus aux vents, on calcule le contreventement de façon à résister à une pression latérale s'exerçant de la façon suivante :

1° Sur le train, charge mobile, à raison de 530 *kg* par mètre courant de tablier, la pression étant appliquée à 7 pieds (2,13 *m*) au-dessus de la base du rail;

2° Sur le pont proprement dit, charge fixe, à raison de 240 *kg* par mètre carré, la pression agissant sur le double de la surface de projection verticale d'une des poutres.

(1) Quand on calcule des pièces diagonales de poutre on prendra A égal à 15 000 pour l'acier.

Enfin on doit tenir compte, dans les calculs, des tensions exercées sur le tablier par la force centrifuge si la voie est en courbe, ainsi qu'au serrage des freins à air comprimé; dans ce dernier cas, on admet que le coefficient de friction des roues sur les rails est de 20 0/0.

Dans les poutres à âme pleine, l'âme doit avoir toujours une épaisseur d'au moins 3/8 de pouce (9,5 *mm*), le métal ne devra pas travailler au cisaillement à plus de 3,16 *kg* par millimètre carré : les montants verticaux doivent être espacés d'une largeur égale à la hauteur de la poutre; l'effort permis au cisaillement p est donné par la formule :

$$p = \frac{12\,000}{1 + \frac{H^2}{3\,000}},$$

H étant le rapport de la largeur à l'épaisseur de la pièce.

Dans les poutres en treillis, les barres de treillis doivent être inclinées à 60° au moins pour les barres simples, et à 45° pour les barres doubles. De plus, le pont est dessiné de façon à avoir une cambrure telle que le passage d'un train pesant 4,5 *t* par mètre ne provoque pas de dénivellation au centre des poutres, même lorsque la température est la plus basse connue.

Construction des ponts rivés. — Le nombre des rivets doit être calculé de façon que l'effort du cisaillement (shearing) ne dépasse pas 5,27 *kg* par millimètre carré, ou bien trois quarts de la tension permise dans la pièce considérée; de plus, l'effort d'arrachement (bearing) ne doit pas dépasser 8,4 *kg* par millimètre carré, ou bien une fois et demie la tension permise dans la pièce considérée.

Entre deux rivets consécutifs il faut un espacement d'au moins deux fois et demie le diamètre des rivets, mais cet espacement ne doit pas dépasser quinze fois l'épaisseur de la tôle la moins épaisse traversée par le rivet. Le centre d'un rivet doit toujours être à plus de 38 *mm* du bord de la tôle et à plus de 32 *mm* de l'angle intérieur d'une cornière.

Le *traçage des pièces* se fait en Amérique d'une façon tout à fait particulière.

On n'exécute pas ce travail directement sur la pièce métallique, mais des ouvriers spéciaux fabriquent des gabarits ou patrons en bois (templets), au moyen desquels le traçage proprement dit se fait facilement.

Supposons une cornière à ailes inégales, il s'agit de la couper de longueur et de tracer sur une des ailes une rangée de trous, et sur l'autre deux rangées; on prendra une barre en bois de la largeur de la plus grande aile et de 1 *cm* environ d'épaisseur, puis on viendra percer des trous de 15 *mm* de diamètre correspondants aux rivets de l'une et l'autre des ailes; des touches de peinture conventionnelle empêcheront toute erreur. Le patron en bois sera alors transporté à l'atelier de construction proprement dit et les trous de rivets seront tracés avec un pointeau à téton de 15 *mm* (faibles) de diamètre.

Ce système de gabarits en bois peut donner lieu à de justes critiques en raison de la facilité de déformation que le bois présente, mais on lui trouve les avantages suivants :

1° Les ouvriers (templets mackers) sont pris parmi des gens intelligents; ils sont, en général, en très petit nombre, car le travail est facile sur le bois, et, par conséquent, se fait rapidement et sans erreurs;

2° L'atelier de ces ouvriers est à proximité du bureau des dessinateurs, ceux-ci peuvent être consultés au besoin; les dessins ne se salissent pas et ne risquent pas de s'égarer dans l'atelier de rivure;

3° Le traçage sur le métal se fait sans difficultés par des manœuvres qui servent en même temps d'aides aux poinçonneurs;

4° Les patrons en bois peuvent être conservés facilement, ce qui est utile pour les ouvrages standard, c'est-à-dire ceux qu'on est appelé à refaire plusieurs fois. Si les patrons ne doivent pas être conservés on les fait resservir en bouchant les trous avec de petites chevilles en bois.

Dans le travail à l'atelier proprement dit, le cahier des charges spécifie de nombreuses précautions dans la construction; nous résumons les principales :

Les tôles doivent être parfaitement dressées à l'atelier avant leur emploi; il est interdit de poinçonner les fers double T; les trous, dans ce cas, doivent être faits au foret; les trous poinçonnés devront l'être à un diamètre plus petit que le diamètre définitif qui sera obtenu à l'alésoir; ajoutons que cette clause n'est pas toujours remplie, mais qu'en tout cas, le pont doit être entièrement assemblé à l'atelier avec les boulons, et que les trous doivent être alors tous alésés. Le jeu entre le rivet froid et le trou doit être de 1/16 de pouce, c'est-à-dire environ 1,6 *mm*.

Les pièces qui doivent travailler à la compression doivent être dressées debout au moyen d'une raboteuse spéciale, de façon que l'effort se transmette exactement par tous les points de la section.

Le rivetage est fait autant que possible à la machine (à la machine hydraulique de préférence); la pression doit être maintenue sur la tête du rivet jusqu'à ce que celle-ci soit devenue sombre; on emploie les rivets en acier doux pour les rivets posés à la machine et des rivets en fer pour les rivets posés à la main.

Sabots. — Tout pont de plus de 20 *m* de portée doit être muni de sabots à rouleaux à l'une de ses extrémités; les rouleaux ont, en général, 50 *mm* de diamètre, et la pression par pouce courant de rouleau ne peut excéder $\sqrt{600\,d}$, d étant le diamètre du rouleau (en pouces). Les rouleaux sont protégés au moyen de cornières et de tôles, qui empêchent la poussière, la pluie et la neige de pénétrer jusqu'à eux tout en permettant leur visite facile.

La pression des plaques de sabot sur la maçonnerie ne doit en aucun cas dépasser 18 *kg* par centimètre carré. En général, au Canada, on emploie pour les culées de la maçonnerie de granit.

Le Canadian Pacific Railway a mis en service l'hiver dernier un type de sabot au moyen duquel un certain jeu dans tous les sens est laissé dans la position du pont par rapport à la maçonnerie. Le sabot est composé d'un disque lenticulaire en acier de 330 *mm* de diamètre, de 75 *mm* dans sa plus grande épaisseur et de 20 *mm* au bord, les surfaces lenticulaires ayant 500 *mm* de rayon. Le disque est aussi bien utilisé dans le sabot fixe que dans le sabot mobile. Les essais ont donné les meilleurs résultats, et cet appareil est exigé actuellement dans tous les nouveaux ouvrages (1).

Poids des ponts. — Grâce aux dispositions que nous venons d'indiquer, le poids des ponts du Canadian Pacific Railway est relativement faible. Nous avons réuni dans les tableaux suivants les poids de quelques travées standard les plus fréquemment construites :

(1) Voir *Génie Civil*, numéro du 31 décembre 1892.

PORTÉE DE LA TRAVÉE		POIDS	
pieds	*mètres*	*lbs*	*kilogr*
I. — Ponts rivés à âme pleine « deck » (à tablier supérieur).			
20	6,10	12 560	5 650
25	6,62	18 930	8 515
30	9,15	19 360	8 720
40	12,20	27 600	12 400
50	15,25	36 000	16 200
60	18,30	48 000	21 600
70	21,35	65 000	29 250
80	24,40	78 000	35 100
II. — Ponts rivés à âme pleine « trough » (à tablier inférieur).			
40	12,20	47 700	21 400
50	15,25	58 800	26 450
60	18,30	76 890	34 600
70	21,35	86 500	38 925
80	24,40	112 000	50 400
90	27,45	145 900	75 610
III. — Ponts rivés en treillis « deck » (à tablier supérieur).			
90	27,45	94 500	43 025
100	30,50	100 000	45 360
130	39,65	142 000	63 900
IV. — Ponts dits « pin connection » « through » (articulés à tablier inférieur).			
150	45,75	240 000	108 030
200	61	360 000	162 000
240	73,20	475 000	214 000
325	99,15	925 000	416 300

Le prix de revient des ponts du Canadian Pacific Railway correspond à un prix moyen de contrat de 4 cents la livre (0,47 *f* le *kg*), mis en place. Observons que la main-d'œuvre est chère (8 à 15 *f* par jour) et que l'acier vient d'Écosse, dans la plupart des cas.

Plancher du Pont (fig. 10). — Ce n'est que dans des cas exceptionnellement rares que les Compagnies américaines construisent leurs ponts avec planchers métalliques jointifs.

Le Canadian Pacific Railway emploie des traverses en bois de

30 × 20 *cm* et de 4,20 *m* de long, qui sont posées sur leur petit côté et laissent entre elles un vide de 10 *cm*. Pour maintenir cet écartement des traverses, aussi bien que pour arrêter un wagon déraillant sur le pont, on dispose sur la longueur de la travée, et de chaque côté de la voie, deux longrines entaillées de 1 pouce au droit de chaque traverse. La longrine intérieure, qui a 20 × 12 *cm* d'équarrissage et placée à plat, est à une distance de 0,94 *m* de l'axe de la voie; elle porte sur l'angle intérieur une cornière de 75 × 75, fixée par de grosses vis à bois. La longrine extérieure de 20 × 25 *cm*, est située à 1,75 *m* de l'axe de la voie. Ces longrines sont réunies aux traverses, de trois en trois environ, par des boulons de 3/4 de pouce avec rondelles en fonte.

A chaque extrémité du pont, les longrines intérieures s'évasent sur une longueur de 9 mètres, de façon à venir rejoindre les longrines extérieures. Cette disposition a pour but de forcer un wagon ayant déraillé avant le pont, à s'engager sur celui-ci sur une partie où sa charge ne peut nuire à la solidité de l'ouvrage.

La partie inférieure des traverses est entaillée de façon à empêcher tout déplacement latéral, sur les poutres dans les ponts « decks » et sur les longerons dans les ponts « through ».

Nous donnons les dessins de quelques-uns des principaux ponts du Canadian Pacific Railway. Nous avons choisi les exemples les plus typiques des ponts construits au Canada.

Pont du système dit « articulé » (fig. 11). — Ce pont donne le type « classique » du pont articulé américain à tablier inférieur; les poutres sont très hautes 9,15 *m* : de centre à centre des boulons d'articulations, elles sont fortement contreventées à la partie supérieure, et ce contreventement forme un portique incliné à chacune des extrémités du pont. La portée du pont est de 50 *m* répartie en 8 panneaux de 6,30 *m* ; au droit de chaque montant vertical une entretoise supporte 4 longerons en fer double T, à la façon ordinaire. Le plancher du pont est formé de traverses en bois du type que nous avons indiqué.

Pont de Lachine (fig. 12). — Travées de trois types différents, en acier. — 1 098 mètres de long environ. Il se compose de deux arches de 124,4 *m* érigées sur la partie profonde du fleuve qui sert de chenal aux bateaux ; du côté de Lachine, il comprend, à partir des arches, une travée de 80,2 *m*, sept de 73,8 *m* et une de 74,2 *m*; du côté du Caughnawagha, une de 82,2 *m*. Ces travées sont construites d'après le système « pin connection », chacune indépendante, excepté les deux de 82,2 *m*, qui forment travées continues avec les arches et qui ont servi au montage en porte-à-faux de celles-ci. Du côté de Lachine, le pont est terminé par trois petites travées à âme pleine de 24,4 *m* de portée.

Les piles et les culées (*fig. 13*) représentent un volume total de 5 807 m^3 de maçonnerie, 3 688 m^3 de béton et 4 420 m^3 de remplissage. Les fondations ont nécessité une extraction de 418 m^3 de gravier, et 1 225 m^3 de rocher. Le poids du pont est réparti de la façon suivante :

				Livres.	Kilogrammes.
3 travées âme pleine			»	211 601	75 220
8 —	« deck »	de	74 *m*	3 857 296	1 735 783
1 —	—	de	82 *m*	706 631	317 983
2 arches		de	124 *m*	2 663 492	1 198 771
1 travée	« deck »	de	82 *m*	706 531	317 983
1 —		de	39 *m*	170 314	74 641
	Total général			8 315 965	3 720 381

Le prix de contrat du métal a été de 4,4 cents, 4,63 cents, et 4,50 cents la livre, pour les travées « deck » et de 5,214 cents pour les arches, soit de 0,51 *f* à 0,602 *f* le kilog.

Le prix total a été de 943 387 dollars, c'est-à-dire 4 905 612 francs.

La maçonnerie fut commencée le 18 mars 1886 et achevée le 12 novembre de la même année. Le montage fut commencé le 15 février 1886 et achevé le 30 juillet 1887.

Avant l'établissement du pont de Lachine, le Canadian Pacific Railway empruntait en été le pont d'une autre Compagnie devant Montréal, mais pendant l'hiver les trains traversaient le large fleuve sur une voie posée directement sur la glace.

Ponts de Sainte-Anne et Vaudreuil (fig. 14). — Ces ponts traversent la rivière Ottawa, près de son confluent avec le Saint-Laurent ; ils sont situés de part et d'autre de l'île Perrot, et sont composés en partie de travées analogues.

Le pont de Vaudreuil comprend deux travées à âme pleine de 19,8 *m* d'ouverture et sept de 21,8 *m*; il comprend en outre 8 travées en treillis de 30,8 *m* d'ouverture.

Le pont de Sainte-Anne comprend huit travées à âme pleine de 20,2 *m*, puis deux travées en treillis rivées « deck », une grande travée articulée de 98,7 *m* de portée ; elle passe au-dessus du chenal des bateaux à vapeur qui est profond de 8,30 *m* en basses eaux. Enfin, trois travées de 31,9 *m* en treillis rivés — « through » — passent au-dessus des écluses du canal.

Le pont de Sainte-Anne comprend treize piles et deux culées; ses divers travaux de maçonnerie représentent 1 914 m^3 de déblais et ont nécessité la construction de 449 m^3 de maçonnerie et 360 m^3 de béton. Le prix de la maçonnerie et du béton a été de $ 15 le yard cubique, c'est-à-dire 128 francs le mètre cube.

Le prix de l'extraction des déblais est de 31 cents le yard cube pour l'extraction de la terre, 90 cents pour les graviers et $ 2 pour le sable et la terre à extraire du fond de la rivière.

La partie métallique comprend :

La grande travée de 99 *m*, qui pèse	931 749 lbs, soit	419 187 *kg*
Les travées de 32 *m*, qui pèsent chacune	176 870	—	79 592
Les travées de 31 *m*, qui pèsent chacune	108 478	—	48 815
Les travées âme pleine 20 *m*, qui pèsent chacune	55 541	—	23 893
Ce qui donne un poids total de métal de	2 123 643 lbs, soit		955 639 *kg*

Les prix des contrats pour ce travail ont été :

De 4,80 cents la livre pour la grande travée (0,55 *f* le kilog.)
De 4,15 cents — pour les travées de 30 mètres (0,48 *f* le kilog.)
De 3,77 cents — pour les travées à âme pleine (0,43 *f* le kilog.)

Le prix du pont de Vaudreuil a été :

Substructure . . .	$ 76 892,00	398 709 *f*
Superstructure . . .	60 338,00	313 958
TOTAL . .	$ 137 230,00	713 597 *f*

Le prix du pont de Sainte-Anne a été :

Substructure . . .	$ 89 621,00	466 029 *f*
Superstructure . . .	95 587,00	497 052
TOTAL . .	$ 185 208,00	963 082 *f*

Pont du Sault-Sainte-Marie (fig. 15). — Le pont du Sault-Sainte-Marie fait communiquer la rive canadienne avec la rive américaine, au-dessus des rapides de la rivière Sainte-Marie qui, comme on le sait, est le déversoir du lac Supérieur dans le lac Huron.

Actuellement, il comprend : un grand pont tournant de 119,8 *m* de portée. Ce pont tournant permet le passage des navires dans le canal latéral aux rapides. Le pont proprement dit est composé de dix travées de 73,7 *m* de portée. On voit les difficultés auxquelles a donné lieu la construction de ces neuf piles en rivière, dans les conditions indiquées plus haut (*fig. 16*).

Le pont tournant pèse 829 525 livres (373 286 *kg*). Le prix du contrat ayant été de 5,12 cents la livre (0,58 *f* le *kg*).

La substructure de ce pont a coûté	S 32 797	170 550 *f*
La superstructure — —	45 632	237 280
TOTAL.	S 78 429	407 830

Les dix travées qui forment le pont principal pèsent 465 936 lbs soit 209 672 *kg*. Le contrat ayant été donné à 4,5 cents la livre (0,52 *f* le *kg*), le prix du pont a été :

Substructure	S 109 405	620 906 *f*
Superstructure	212 082	1 102 826
TOTAL . .	S 321 487	1 723 732

Le Canadian Pacific Railway a monté, l'été dernier, deux nouveaux ponts en acier :

Le pont de Salmon River (*fig. 17*), qui comprend une arche de 82,3 *m* d'ouverture. Cette arche, en forme d'arc de parabole, a une flèche de 15,2 *m*, elle est composée de panneaux de 6 *m*, et 7,5 *m* de largeur à rivure rigide. De chaque côté du pont, deux travées de 52 *m* chacune sont construites à âme pleine. « deck ». Le poids de l'arche est de 280 tonnes ; elle a été montée à côté de l'ancien pont, grâce à une légère inflexion de la voie.

Le pont de Stony-Creek (*fig. 18*), destiné à remplacer le pont en bois dont nous avons parlé plus haut, se compose d'une arche de 102,5 *m* d'ouverture et de 27,5 *m* de flèche ; cette arche composée de panneaux de 7,50 *m* de largeur, supporte six travées indépendantes en treillis rivés sur lesquelles sont placés les rails. Comme nous l'avons déjà vu, le niveau de la voie est à peu près à 100 *m* au-dessus du fond du ravin, et le montage s'est effectué à la place même de l'ancien pont en bois, sans que le service des trains en ait eu à souffrir. Les charges adoptées dans les calculs ordinaires ont été augmentées de 15 à 20 0/0, afin de s'assurer toute sécurité. — Le poids total du pont est de 590 tonnes.

Ouvrages en maçonnerie.

On emploie la maçonnerie chaque fois que l'on trouve la pierre à proximité du chemin de fer et cette maçonnerie est dite « rustique », c'est-à-dire qu'elle est construite avec des pierres dressées seulement sur les lits, et simplement dégrossies sur leur face apparente.

La maçonnerie est, en général, préférée au métal chaque fois que les fondations le permettent et que le prix est avantageux. A Montréal et dans les environs, le prix de la maçonnerie rustique n'est que de 6 à 8 dollars le cubic yard, environ 40 *f* le mètre cube.

La maçonnerie est, en général, très employée pour les ponceaux destinés à assurer l'écoulement des eaux sous les remblais. Le système le plus simple consiste en deux petits murs parallèles posés sur un radier et sur lesquels on place de larges dalles de pierre. Les dimensions ordinaires des ponceaux dallés sont de 91 *cm* × 1,20 *m*; 91 *cm* × 1,50 *m*; 1,20 *m* × 1,50 *m*; 1,20 *m* × 1,80. La largeur des dalles est de 3,35 *m* pour ponceaux doubles, et de 1,65 *m* pour ponceaux simples. L'épaisseur des dalles est, en général, de 40 *cm*. Lorsqu'il est nécessaire d'avoir des ponceaux plus importants, on emploie la voûte en plein cintre ou surbaissée en arc de cercle. Parmi les types les plus employés citons le ponceau de 16′ d'ouverture plein cintre, et le ponceau de 25′ arc de cercle. Il arrive souvent qu'une des extrémités présente une ouverture évasée, qui est du côté de l'amont, le côté aval étant simplement construit avec deux murs de soutènement presque parallèles. Toute la maçonnerie est de la maçonnerie rustique, excepté les façades des extrémités, qui sont en maçonnerie soignée.

Un des principaux exemples d'ouvrages en maçonnerie exécutés par le Canadian Pacific Railway est le viaduc d'approche de la gare terminale de Montréal. Les arches en plein cintre ont 7,50 *m* de largeur, et le passage des rues est assuré par des voûtes en anse de panier de 13 *m* de portée; l'épaisseur de la voûte à la clef est de 1 *m*.

Stations.

On comprend quatre classes de stations correspondant à leur importance. Les bâtiments de ces stations sont généralement en bois. Il n'y a que depuis quelques années que des stations en pierre ont été élevées sur la ligne de Montréal à Détroit, sans parler de la grande gare terminale de Montréal « Windsor Depôt ».

La gare de *première classe* en bois avec fondations en maçonnerie comprend un corps de bâtiment élevé d'un étage, de 70 pieds sur 25 pieds, soit 160 m^2. La construction des stations de première classe comprend pour chacune d'entre elles : 216 cubic yards de maçonnerie et une quantité de bois représentant 23 400 pieds, mesure de planche.

Seconde classe. — Comprend une salle d'attente pour le public, avec un petit bureau de billets et de télégraphe, où se tient l'agent; à côté de la salle d'attente, une pièce de la même dimension est destinée aux bagages et marchandises. Cette partie est surmontée d'un premier étage qui sert de logement aux employés. Par derrière un bâtiment en rez-de-chaussée, comprend une cuisine et une salle pour les employés. Ces stations sont entièrement en bois; leur gros œuvre comprend 23 270 pieds, mesure de planche.

La nouvelle gare de Montréal, le « *Windsor Depôt* », située au milieu de la ville haute, est un grand bâtiment en pierre, style féodal, qui sert à la fois de gare proprement dite et de bureaux pour la direction, l'administration et les divers services de la Compagnie. Les trains arrivent sous une toiture métallique vitrée, qui est un modèle de légèreté. Outre le « Windsor Depôt », la Compagnie possède encore dans Montréal la *gare Dalhousie* située sur le port, à l'est de la ville. Un système de voies de raccordements fait le tour de la ville, en passant de l'autre côté du Mont-Royal, et met les deux lignes en communication ; de cette façon on fait partir de chacune des gares les trains en deux sections, qui se réunissent à « Montréal Junction », pour se diriger sur Halifax, sur Toronto, etc.

Pour terminer ce qui a rapport aux stations, disons quelques mots des appareils destinés à l'approvisionnement en eau et en charbon.

Le réservoir Standard, qui est le plus souvent employé, contient 40 000 gallons (180 m^3) d'eau. Il se compose d'une cuve légèrement tronconique de 8 *m* de diamètre à la base, et de 5,5 *m* de hauteur. Cette cuve est couverte d'un toit léger en bois. L'ensemble du réservoir repose sur un bâti octogonal, dont le centre se trouve à 7,10 *m* de l'axe de la voie. Une cheminée est ménagée au centre de la cuve pour permettre, en hiver, de faire du feu sous le réservoir pour empêcher la congélation de l'eau. Le remplissage du tender se fait au moyen d'un tuyau en acier galvanisé basculant et équilibré.

L'alimentation en charbon s'effectue au moyen d'estacades en bois, sur lesquelles on fait monter, par un plan incliné, les wagons de charbon. Ceux-ci sont déchargés directement dans de grandes cases pouvant contenir 3, 5 et 6 *t* de houille. Il sera alors facile de faire tomber le charbon directement dans le tender, par la seule ouverture d'une porte.

Élévateurs à grains.

On sait que les élévateurs à grains, en Amérique, sont des bâtiments munis d'appareils mécaniques qui effectuent le déchargement des wagons (où le grain a été chargé en vrac), pèsent ce grain, le nettoient et l'emmagasinent dans des sortes de réservoirs en bois, d'où il pourra être chargé sur de nouveaux wagons ou dans les bateaux qui doivent en effectuer le transport.

Le Canadian Pacific Railway a construit des élévateurs à grains dans les principaux ports d'embarquement; c'est ainsi qu'il possède deux grands élévateurs à Montréal, trois à Fort-William, un à Halifax, un grand élévateur à Boston, etc.

Nous parlerons ici principalement des élévateurs de Montréal construits sur le quai de Saint-Laurent. Ce sont d'immenses constructions ayant 70 *m* de long sur 26 *m* de large et 65 *m* de haut. Ces constructions sont tellement originales qu'il est intéressant de s'y arrêter un peu. Les fondations seules ont donné lieu à l'emploi de pièces d'équarrissage en bois combinées, suivant les cas, avec des fondations en maçonnerie.

Mais quant à la superstructure elle est entièrement en bois plein sans fenêtres. On prend des planches de 5 *cm* d'épaisseur et dont la largeur varie de 20 à 12 *cm*. Sur tout le pourtour de l'élévateur et sur tous les refends, on pose à plat ces planches, et on fait des lits superposés qui sont cloués les uns sur les autres, en croisant, bien entendu, tous les joints. On constitue ainsi de vrais murs en bois dont l'épaisseur, qui est de 20 *cm* dans le bas, diminue au fur et à mesure, jusqu'à n'être, dans le haut, que de 12 *cm*.

Le bois est garanti à l'extérieur par des feuilles de tôle généralement ondulées et peintes en rouge. Les Américains ont presque partout adopté ce genre de construction, parce que le grain n'y gèle pas, et parce qu'elle est, en somme, économique. La quantité de bois employé est relativement très importante, mais il ne faut pas perdre de vue que le bois coûte très bon marché en Amérique; il ne vaut, à l'état de planches, que 10 *f* le mètre cube, dans les scieries de la Colombie anglaise où la Compagnie va s'approvisionner. Par contre, la construction en bois, telle qu'elle est ci-dessus décrite, ne nécessite pas l'emploi d'ouvriers spéciaux et, conséquemment, le prix de main-d'œuvre est relativement très faible.

Observons, en passant, combien sur ces immenses panneaux très hauts et sans fenêtres, les Américains peuvent se livrer à leur goût pour les inscriptions gigantesques.

A Montréal, les fondations sont faites sur pilotis et béton, ce dernier étant calculé pour supporter un poids de 423 livres par pouce carré. Ces fondations n'ont pas coûté moins de 774 000 *f*, qui se décomposent ainsi pour les deux élévateurs :

Pilotis et bois d'équarrissage	54 000 *f*
Béton	52 000 *f*
Maçonnerie.	628 000 *f*
Excavation.	40 000 *f*

La quantité de bois employé n'a pas été moindre de 1 258 000 pieds, mesure de planche, soit 2 968 m^3.

Inutile de dire que toutes les précautions contre l'incendie ont été prises.

Le déchargement des wagons s'effectue au moyen de cinq pelles en bois automatiques qu'on amène dans la porte même du wagon et qui font glisser le grain hors de celui-ci; par ce système, un wagon de 600 boisseaux (1), soit 220 *hl*, est vidé en quinze minutes et on peut décharger 10 500 à 11 000 *hl* par jour. Neuf courroies à godets élèvent le grain au sommet. Ces courroies ont 50 *cm* de large et chacune d'elles porte 170 godets contenant chacun 7 *l* de grain. Les courroies marchent à une vitesse de 150 *m* à la minute et elles peuvent élever par jour 1 900 *hl* à la hauteur de 40 *m*. Au sommet, sont placés des tarares et secoueurs qui ont 1,50 *m* de diamètre, et une vitesse de 625 tours à la minute; avant de tomber dans les cases d'emmagasinage, le grain est pesé et le poids enregistré par des balances.

Les cases ont environ 4 *m* × 4 *m*; il y a une quarantaine de ces cases et chacune contient en moyenne 5 040 *hl* de blé. La capacité totale de chaque élévateur étant de 20 000 *hl*, deux cases

(1) 1 boisseau de blé = 36 *l*.

seulement sont réservées pour charger les wagons et il suffit de trois minutes pour effectuer le chargement de 220 boisseaux; les autres cases alimentent les transporteurs à courroies couverts qui passent par-dessus le quai, pour déverser le grain directement dans les navires.

L'emploi de ces transporteurs à courroies offre des avantages qui les ont fait adopter dans les principaux élévateurs; nous avons réuni dans le tableau suivant cinq exemples de transporteurs à courroies des élévateurs du Canadian Pacific Railway.

Largeur de la courroie. .	Mètres.	0,60	0,76	0,92	1,07	1,22
Force nécessaire. . . .	Chev.-vap.	4	5,2	7	9,4	12 5
Capacité totale. . . .	Boisseaux.	4 000	6 000	9 000	13 000	18 000
Un cheval-vapeur par.	— .	2 000	1 150	1 285	1 380	1 440
Prix : 0,05 *f* par . . .	— .	500	600	643	690	720

L'élévateur de Boston, dont la capacité totale est de 2 millions de boisseaux, possède des transporteurs à courroies de 400*m* de long, en ligne droite.

A Montréal, la force motrice qui est donnée par un groupe de chaudières est envoyée aux machines de chacun des deux élévateurs placées dans les sous-sols. Le prix de revient de la production de la force motrice est en moyenne de 2 cents par heure et par cheval. Du reste, les prix de manutention s'établissent ainsi :

Pour les pelles de déchargement, 1 cent par 1000 boisseaux; pour les courroies à godets, 1 cent par 440 boisseaux. Ce qui fait, avec les tarares, les transporteurs et les cabestans pour la manœuvre des wagons, une moyenne de 1 cent par 335 boisseaux.

Le prix de revient total est le suivant :

L'année dernière, en quatre semaines, on a envoyé 308 863 boisseaux, on en a reçu 238 812, et la dépense a été de 5 652,25 *f*, ce qui met le boisseau à un centime. Du reste, ce prix varie facilement entre 0,005 *f* et 0,05 *f* le boisseau.

Les tarifs d'entrepôt sont de 0,05 *f* en été et de 0,025 *f* en hiver, plus 0,05 *f* pour chaque période de dix jours, y compris le chargement et le déchargement. Le bénéfice brut peut se déduire facilement de la comparaison des chiffres que nous venons de donner.

Quoique nécessairement incomplet, le chapitre des ponts et ouvrages d'art a montré, nous l'espérons, quelle importance ce service a acquis au Canadian Pacific Railway, et combien, par une étude approfondie de ces sujets, on est arrivé à réaliser une économie notable, tout en construisant des ouvrages dont la solidité et la durabilité sont relativement très grandes par rapport aux constructions américaines ordinaires.

CHAPITRE II

Organisation générale du trafic.

Divisions administratives. — Les lignes du Canadian Pacific Railway sont réparties en cinq divisions, qui sont :

1° Québec et Ontario Division : Québec, Montréal, Toronto, Détroit;

2° Atlantic Division : Ligne de Saint-Jean à Halifax;

3° Eastern Division : Montréal à Fort-William ;

4° Western Division : Fort-William à Donald :

5° Pacific Division : Donald à Vancouver.

Chaque division comprend un certain nombre de sections ; par exemple, voici comment se décomposent les sections de la grande ligne :

SECTIONS		LONGUEUR EN MILLES	PROVINCES
EASTERN DIVISION. . .	Ottawa.	120,3	Québec.
	Chalk River.	125,4	Ontario.
	North Bay.	117,8	—
	Cartier.	114,4	—
	Chapleau.	137,2	—
	White River	131,4	—
	Schreiber.	118,9	—
	Nepigon	127,6	—
WESTERN DIVISION . .	Thunder Bay. . . .	152,7	—
	Wabigoon	145,2	—
	Rat Portage.	132,7	—
	Brandon	132,7	Manitoba.
	Broadiew.	131,2	—
	Régina.	134,4	Assiniboïa.
	Swift Current. . . .	112,3	—
	Medicine Hat	149,7	—
	Crowfoot.	124,5	Alberta.
	Calgary.	122,4	—
	Mountain.	116,0	—
PACIFIC DIVISION . . .	Selkirck	79,3	Colombie anglaise.
	Shuswap.	128,2	—
	Thompson	121,5	—
	Cascade.	129,0	—

Comme on le voit, la longueur moyenne de chaque section est d'environ 200 *km*.

A la tête de chaque division est un « general superintendant » suppléé pour un groupe de sections — comme, par exemple, pour les sections Thunder Bay, Wabigoon et Rat Portage, — par un « assistant superintendant ». Chaque division, outre ses services administratifs et financiers et ses « general Passengers et Freight agents » a un service technique dirigé par un « Division Engineer » chargé des travaux d'arpentage, de dessin, ainsi que des réparations des ouvrages d'art de la division et de leur inspection.

Lorsque l'assistant superintendant a plus de deux sections sous ses ordres, il lui est adjoint un « Train Master », qui réside dans une ville intermédiaire. Par exemple, pour les trois sections indiquées ci-dessus, qui sont situées entre Fort-William et Winnipeg, il y a un assistant superintendant qui réside à Fort-William et un train master à Rat Portage.

Dans chaque section, la marche des trains est réglée par un « Chief Train Dispatcher » et des « Train Dispatchers » qui ont seuls mission de donner des ordres pour la marche des trains. Nous rappelons ici que sur la ligne transcontinentale les trains circulent en voie unique, c'est ce qui explique l'importance des train Dispatchers.

La traction se fait par section, et à la tête de ce service est un « Mechanic-Master » résidant à chaque remise de locomotives, il est aussi chargé de l'inspection des wagons à chaque départ de train. Cette inspection, faite très sévèrement, comporte l'examen des essieux, des roues, des ressorts, des appareils d'accouplement et des freins ; enfin, il est encore chargé d'assurer l'approvisionnement des wagons en eau potable, en glace et en combustible, ainsi que du débouchage, en hiver, des tuyaux d'égout et W.-C. des wagons au moyen d'un jet de vapeur.

L'entretien de la voie est placé sous la direction du « Road Master » qui est aussi chargé du déblayage de la neige en hiver. Il a sous ses ordres les « Section Men ». Chaque section de la voie, de 10 à 12 *km* de longueur, est entretenue par trois hommes en hiver et cinq en été. Ils parcourent chaque jour la section d'un bout à l'autre sur leur « hand car », petit wagonnet qu'on met en mouvement au moyen d'un balancier analogue à celui d'une pompe à incendie, et sur lequel on fait facilement 20 *km* à l'heure. L'entretien de la voie est particulièrement difficile au Canada où la température varie de 35° centigrades en été à — 45° en hiver. De plus, la gelée et le dégel produisent des soulèvements et des affaissements des traverses et parfois des remblais tout entiers.

Aussitôt que la terre peut être travaillée, les « Section Men » doivent rétablir les fossés pour l'écoulement des eaux et ensuite caler ou changer les traverses. Nous avons donné *(fig. 3)* un spécimen du profil détaillé d'une partie de la ligne indiquant toutes les divisions administratives.

Mouvement des trains.

Le mouvement des trains est réglé par les « Time Tables » de service, sortes d'indicateurs à l'usage des employés ; ils sont établis par chaque division. Nous donnons un spécimen de Time Table de la Western Division, ouvert à la page de la section de Rat Portage (p. 448 et 449).

Ce Time Table règle le service d'hiver en vigueur le 1er janvier 1893. Nous y voyons indiqués : la distance entre les stations, le « mileage » depuis Winnipeg — correspondant aux poteaux placés le long de la voie, — l'emplacement des réservoirs d'eau et les lettres par lesquelles on appelle télégraphiquement une station ; une étoile indique les stations où l'arrêt est facultatif et une croix, celles où l'on trouve un restaurant. Nous voyons qu'il passe un train de voyageurs-express dans chaque sens, excepté un jour de la semaine ; en effet, il ne part pas de train de Montréal et de Vancouver le dimanche. Nous remarquons qu'il passe trois trains de marchandises (freight) et un train de marchandises rapide (Time freight). Les heures auxquelles se croisent les trains sont marquées en caractères gras.

Nous lisons dans le bas de la feuille que les trains sont réglés sur le « Standard Central Time » ; en effet, l'heure est divisée, pour toute l'Amérique du Nord, en quatre régions qui varient d'une heure chacune. L'heure se répartit, pour le Canadian Pacific Railway, de la façon suivante :

Eastern Time — de l'Atlantique à Fort-William ;
Central Time — de Fort-William à Brandon ;
Mountain Time — de Brandon à Donald ;
Pacific Time — de Donald à la côte du Pacifique.

A partir de Fort-William, l'heure est basée sur le système des vingt-quatre heures, c'est-à-dire qu'au lieu de dire 1 heure, 3 heures, 5 heures après midi, on dit 13 heures, 15 heures, 17 heures, etc. Ce système évite toute erreur dans la transmission des ordres, et s'il semble bizarre au premier abord, on reconnait vite qu'il est très pratique.

Enfin les indications du Time Table portent soulignées des observations très importantes, comme « conducteurs, protégez vos trains », ainsi que d'autres spéciales pour le ralentissement au passage des jonctions, des ponts tournants, des chantiers de bois. Enfin chaque feuille porte les noms des « train dispatchers ».

Le bagage de l'employé du Canadian Pacific Railway comprend, avec le Time Table, les *Règles et Régulations*, petit opuscule de 87 pages in-18. Nous ne ferons pas une fastidieuse traduction de ces règlements, mais nous nous contenterons d'en donner quelques extraits :

Les trains sont classés en trains *de 1re classe* ou trains de voyageurs, *de 2e classe* ou trains mixtes; *de 3e classe* ou trains de marchandises et *trains spéciaux;* ceux-ci comprennent les trains directs, c'est-à-dire ne s'arrêtant qu'aux stations principales; les trains de travaux, les charrues à neige, et, en général, tout train non indiqué au Time Table. Tout train ayant plus de douze heures de retard est classé parmi les spéciaux. Or, on comprend qu'en hiver où il y a accumulation de neige, sur la ligne, il peut arriver que le Time Table devienne à peu près lettre morte, et que tous les trains circulent comme spéciaux; nous verrons plus loin comment alors se transmettent les ordres.

Il est disposé dans chaque station où les trains s'arrêtent, un registre spécial où tous les conducteurs laissent trace de leur passage et prennent connaissance de tout ce qui s'est passé dans les douze heures précédant leur arrivée. Lorsqu'un train est obligé de stopper entre deux stations, le conducteur doit protéger son train, c'est-à-dire envoyer un homme avec une lanterne ou un drapeau rouge, poser deux pétards à 1 200*m*, c'est-à-dire la distance de 24 poteaux télégraphiques, ou si la voie est en courbe à 1 750*m*, c'est-à-dire la distance de 35 poteaux télégraphiques. Lorsque les trains circulent comme *spéciaux* par suite d'un retard considérable ou toute autre cause, le mouvement des trains se fait par ordres télégraphiques; ces ordres sont donnés par le « train dispatcher » de la section : ils doivent être écrits sans abréviation et porter les initiales de celui des « dispatchers » qui a donné l'ordre, — et dont le nom figure sur le Time Table. Les ordres sont donnés suivant onze formes différentes prévues d'avance; ils sont reçus par l'agent télégraphiste de la station où le train est arrêté; les agents du train assistent à la réception; l'ordre est délivré en triple expédition, au moyen de papier bleu gras, — l'une au conducteur, l'autre au mécanicien, la troisième reste à la station. En langage télégraphique, les lettres OK signifient « all right », tout est bien.

CANADIAN PACIFIC RAILWAY

WESTERN DIVISION.

RAT PORTAGE SECTION. — Trains West.

STATIONS	Telegraph Calls	Miles from Fort Will'm	PACIFIC EXPRESS No. 1. Exc't Wedn'y.		FREIGHT No. 61. Daily.		FREIGHT No. 63. Daily.		FREIGHT No. 65. Daily.		TIME FREIGHT No. 67. Daily.	
Rat Portage ..§	RS	293.6	5 00	de	3 20	de	7 15	de	13 25	de	17 30	de
2.0												
Norman.......	..	295.6	5 10	.	....	.	....	.	....	.	....	.
1.5												
Keewatin....§	KN	297.0	**5 17**	.	3 50	.	7 45	.	13 55	.	**18 05**	.
7.6												
Ostersund.....	UN	304.6	5 36	.	**4 25**	.	8 25	.	14 25	.	18 40	.
7.7												
Deception.....	..	312.3*	5 53	.	5 00	.	9 05	.	15 00	.	19 15	.
4.4												
Kalmar......§	KA	316.7	6 08	.	5 20	.	9 25	.	15 20	.	19 35	.
7.9												
Ingolf........	NF	324.6*	6 27	.	6 00	.	**10 00**	.	**16 00**	.	20 20	.
10.2												
Telford......§	RD	334.8	**6 50**	.	6 40 **6 50** 7 15	ar . de	10 40	.	16 40	.	21 10 **21 20**	ar de
10.5												
Rennie.......§	RH	345.3	7 13	.	**8 23**	.	11 30	.	17 30	.	**22 05**	.
10.4												
Darwin	RA	355.7	**7 35**	.	9 15	.	12 15	.	18 10	.	22 50	.
9.5												
Whitemouth .§	U	365.2	7 57	.	10 05	.	**13 00** 13 20	ar de	18 55	.	**23 20**	.
6.1												
Shelly	HY	371.4*	8 10	.	10 35	.	13 50	.	**19 25** **19 55**	ar de	24 00	.
9.6												
Monmouth....	MH	381.0	8 31	.	**11 25**	.	14 45	.	20 40	.	24 40	.
6.6												
Water Tank ..§	..	387.6	....	.	....	.	....	.	....	.	....	.
3.1												
Beausejour....	JO	390.7	8 50	.	12 10	.	15 35	.	**21 20**	.	1 15	.
6.6												
Tyndall.......	YD	397.3	9 03	.	12 40	.	16 15	.	21 45	.	1 40	.
8.1												
Selkirk ......§	J	405.4	**9 21**	.	13 15	.	**16 55**	.	22 20	.	2 15	.
6.1												
Gonor.........	..	411.5*	9 34	.	13 45	.	17 25	.	22 45	.	**2 40**	.
7.1												
Bird's Hill...§	BH	418.6	9 48	.	14 15	.	17 57 **18 07**	ar de	23 10	.	3 05	.
6.2												
Winnipeg Jct.	W	424.8	10 03	.	14 45	.	**18 40**	.	23 35	.	3 30	.
1.5												
Winnipeg..†§	C	426.3	10 10	ar	**15 10**	ar	19 05	ar	24 00	ar	3 35	ar

* Flag Stations. † Meals. § Water Tanks.

Rat Portage Section Trains will be run by Central Standard Time.

☞ Conductors, protect your Trains.

Printed instructions on slow boards must be strictly observed.

☞ See Emerson Section Mixed Trains Nos. 27 and 28.

☞ All Trains will approach Winnipeg Junction under full control, and not proceed until they know the road is clear.

Drawbridge over Red River, 1 mile east of Winnipeg.

J. A. CAMERON,
Asst. Superintendent,
Fort William.

W. H. FOGG,
Trainmaster,
Rat Portage.

CANADIAN PACIFIC RAILWAY

WESTERN DIVISION.

RAT PORTAGE SECTION. — Trains East

STATIONS	Telegraph Calls	Miles from Winnipeg	ATLANTIC EXPRESS No. 2. Except Thurs.		FREIGHT No. 62. Daily.		FREIGHT No. 64. Daily.		TIME FREIGHT No. 66. Daily.		FREIGT No. 68. Daily.	
Rat Portage. §	RS	132.8	23 35	ar	12 30	ar	18 35	ar	2 25	ar	5 45	ar
2.0												
Norman. . . .	. .	130.8	23 25	.	. . . .	.	. . . .	.	. . . .	.	. . . .	.
1.5												
Keewatin. . §	KN	129.3	23 15	.	12 05	.	18 05	.	1 55	.	5 17 5 07	de ar
7.6												
Ostersund. .	UN	121.7	22 51	.	11 30	.	17 30	.	1 10	.	4 25	.
7.7												
Deception. .	. .	114.0	* 22 28	.	10 55	.	16 55	.	24 30	.	3 45	.
4.4												
Kalmar	KA	109.6	22 12	.	10 35	.	16 35	.	24 05	.	3 25	.
7.9												
Ingolf.	NF	101.7	* 21 47	.	10 00	.	16 00	.	23 30	.	2 45	.
10.2												
Telford . . . §	RD	91.5	21 20	.	9 15	.	15 15	.	22 50	.	1 55	.
10.5												
Rennie . . . §	RH	81.0	20 55	.	8 23	.	14 30	.	22 05	.	1 05	.
10.4												
Darwin	RA	70.6	* 20 30	.	7 35 7 25	de ar	13 45	.	21 15	.	24 15	.
9.5												
Whitemouth. §	U	61.1	20 07	.	6 35	.	13 00 12 45	de ar	20 30 20 07 19 55	de ar	23 20	.
6.1												
Shelly	HY	55.0	19 55	.	6 00	.	12 15	.	19 25	.	23 00	.
9.6												
Monmouth . .	MH	45.3	19 31	.	5 15	.	11 25	.	18 45	.	22 10	.
6.6												
Water Tank. §	. .	38.7	. . . .	.	. . . .	.	. . . .	.	. . . .	.	. . . .	.
3.1												
Beausejour . .	JO	35.6	19 12	.	4 25	.	10 40	.	18 00	.	21 20	.
6.6												
Tyndall. . . .	YD	29.0	18 56	.	3 50	.	10 05	.	17 30	.	20 50	.
8.1												
Selkirk . . . §	J	20.9	18 40	.	3 10	.	9 21 9 10	de ar	16 55	.	20 10	.
6.1												
Gonor.	. .	14.8	* 18 23	.	2 40	.	8 35	.	16 30	.	19 40	.
7.1												
Bird's Hill . §	BH	7.7	18 07	.	2 00	.	8 00	.	16 05	.	19 10	.
6.2												
Winnipeg Jct.	W	1.5	17 53	.	1 30	.	7 30	.	15 40	.	18 40	.
1.5												
Winnipeg. . †§	C	0	17 45	de	1 00	de	7 00	de	15 10	de	18 10	de

* Flag Stations. † Meals. § Water Tanks.

Brokenhead Wood Siding, mileage 39.
Julius Wood Siding, mileage 5 cents.
Scott's Hill Wood Siding, mileage 65.

NOTE. — These sidings are only to be used for crossing trains in cases of emergency upon special orders from Train Dispatcher.

See Emerson Section Mixed Trains Nos. 27 and 28.

E. A. JAMES,
Chief Train Dispatcher,
Winnipeg.

E. B. FINK,
R. E. STARKS,
R. PEARD,
G. M. SHERLOCK,
F. G. HOGLE,
J. H. SCOTT,
} Train Dispatchers.

Train Dispatchers will sign their own initials to all train orders issued by them. These orders must be strictly carried out by train men and all concerned.

Vitesse des trains. — Les trains de marchandises doivent s'arrêter à toutes les stations, même aux « flag stations », stations à arrêt facultatif pour les voyageurs; les trains express doivent ralentir avant d'y arriver, de façon à être prêts à stopper, si on leur en fait le signal. Les trains doivent s'arrêter une minute avant les ponts tournants et les croisements à niveau avec d'autres lignes; les charrues à neige doivent s'arrêter avant les ponts et tunnels.

Quant à la vitesse *commerciale* des trains, il est facile de la déduire de la lecture même du Time Table.

En service d'hiver, le train quitte Montréal le lundi, par exemple, à 8 h. 40 m. du soir et est à Vancouver le dimanche suivant à 1 heure de l'après-midi : il a donc mis 136 heures pour parcourir 2906 milles. La vitesse moyenne générale a été de 21,4 milles à l'heure, soit 34 *km*. D'après le Time Table détaillé de la station de Rat Portage, par exemple, l'express met 5 h. 10 m. à parcourir la section qui a 132,7 milles, il marche donc à 26,14 milles, soit 41,8 *km* à l'heure.

Il est certain que les trains vont parfois bien plus vite, en été, par exemple, et lorsqu'il s'agit de trains spéciaux; ceux-ci qui ne s'arrêtent qu'aux stations indispensables pour le changement des machines, ne mettent souvent qu'un peu plus de quatre jours, ce qui correspond à une vitesse moyenne générale de 50 *km* à l'heure.

Les trains de marchandises marchent à une vitesse de 12,6 milles soit 20,2 *km* à l'heure entre les terminus d'une même section, mais il arrive souvent que les wagons séjournent plus ou moins longtemps aux embranchements, gares importantes, etc.

Lorsqu'on a des marchandises qui nécessitent un transport rapide, soit parce qu'elles s'abîment facilement, soit parce que, comme les poudres, dynamites, la Compagnie désire les avoir le moins longtemps possible sur ses voies; elles sont expédiées par « Time Freight trains ». Ceux-ci, quoique marchant à une vitesse moyenne égale aux autres, ont l'avantage de ne stopper aux têtes de sections que juste le temps nécessaire à la traction. Le tarif est plus élevé, mais le service est fait plus rapidement.

Signaux. — A peu près analogues à ceux usités en France; les couleurs blanche, rouge et verte ont la même signification : la couleur verte correspond à une vitesse de 10 *km* à l'heure. Les signaux, en tant que disques et sémaphores, sont peu nombreux, mais les stations qui ont le télégraphe ont, sur la façade de leur bâtiment, une simple planchette manœuvrable de l'intérieur même du bureau, qui, à l'arrêt, indique que le train doit stopper « pour ordres ». Dans les stations importantes ou dont les abords sont en courbe, on place des sémaphores à environ 300 *m* de la station; ces signaux doivent toujours être à l'arrêt et ne s'ouvrir qu'à la demande du train.

La locomotive a à sa disposition le sifflet qui, par des coups longs et courts combinés, fait serrer les freins, annonce l'approche des stations, répond aux signaux du conducteur du train, d'un aiguilleur ou d'une autre machine, etc., etc. Toutes les machines, en Amérique, sont pourvues d'une cloche que le mécanicien doit sonner quand il met le train en marche, quand il arrive à un passage à niveau, traverse une ville ou aperçoit des personnes sur la voie. Le conducteur du train communique avec le mécanicien au moyen d'une corde régnant d'un bout à l'autre du train et agissant sur un timbre dans la cabine de la machine; avec ce signal il peut faire arrêter le train de suite ou à la prochaine station ou bien le faire mettre en marche lorsqu'il est arrêté.

Les signaux d'un train de voyageurs sont deux lanternes rouges à l'arrière; ceux d'un train de marchandises trois lanternes rouges. La locomotive porte à l'avant un puissant fanal. Quand, en outre du fanal, elle porte deux drapeaux ou lanternes blanches, ceci indique, tout le long de la voie, qu'un train suit immédiatement le porteur du signal et qu'on doit laisser la voie libre jusqu'au passage du train ainsi « signalé ». Deux drapeaux ou lanternes rouges indiquent que tout train ou toute machine doit s'arrêter jusqu'au passage du train signalé.

Personnel. — Les trains de voyageurs ont :

Un conducteur,
Un Brakeman — garde-frein,
Un Baggageman — préposé aux bagages.
Un News Agent qui parcourt le train d'un bout à l'autre en vendant, suivant les moments de la journée, des journaux, des livres, des fruits, des cigares, des sucreries, des photographies, des curiosités, etc., etc.

Les trains de marchandises ont :
Un conducteur,
Deux gardes-freins.

L'un se tient dans la vigie de la « caboose ». — fourgon de queue, et l'autre d'ordinaire sur la machine. Ces hommes circulent sur le toit des wagons, qui ont généralement deux freins, un sur chaque truc. Ce système a le grand avantage de multiplier les freins et de permettre aux agents de voir eux-mêmes le danger et d'y parer d'une façon intelligente; comme dans les trains de voyageurs, une corde règne depuis le fourgon où se trouve le conducteur jusqu'au timbre de la machine. Le danger que présente cette circulation des hommes sur le toit des wagons est que, lorsqu'on rencontre un pont en passage supérieur, les hommes (la nuit surtout) se fassent tuer par cet obstacle; la loi ordonne une hauteur de 7 pieds au-dessus du toit du plus haut wagon de la Compagnie, mais il y a d'anciens ponts qui n'ont pas cette hauteur réglementaire; dans ce cas environ 50 *m* avant le pont, on place en travers de la voie, à 2 *m* environ au-dessus du niveau du toit, une potence en bois, d'où pendent quelques menues cordes terminées par des nœuds; lorsque l'homme est heurté par ces cordes, il doit immédiatement s'accroupir sur le toit et laisser passer l'obstacle. Ce système n'a pas eu à être employé sur le Canadian Pacific Railway, où les passages sont, on le comprend, très rares, sauf aux abords des villes; tous les ponts donnent une hauteur claire de 7, 50 *m* au-dessus des traverses; dans ces conditions, le système de la circulation sur les wagons à marchandises est très avantageusement pratiqué.

Parmi les employés que nous avons cités plus haut, le conducteur est le chef responsable du train; cependant, quand il y a inobservance des règlements, le mécanicien partage la responsabilité avec lui. C'est aussi le conducteur qui collecte les billets et le prix du passage des voyageurs montés sans billets.

Dans les stations d'importance moyenne, il y a d'ordinaire deux employés : l' « agent » et l' « operator »; le premier pour le service de jour, le second pour celui de nuit; cependant l'agent est toujours responsable de ce qui se fait; l'un et l'autre sont logés à la station. C'est le serre-frein du train qui fait les aiguilles, celles-ci sont fermées au cadenas en temps ordinaire. Dans les gares importantes, on adjoint à ces deux employés un homme pour la distribution des billets et un autre pour le service des bagages, mais nous sommes loin encore des chefs, sous-chefs de gare, aiguilleurs, hommes d'équipe, etc., des chemins de fer français.

Les *Règles et Régulations* indiquent encore les devoirs des mécaniciens et chauffeurs, les matières des examens auxquels ils doivent satisfaire, les devoirs des hommes chargés de l'entretien des ponts et de l'inspection des wagons, etc. Enfin il y est indiqué les mesures à prendre en cas d'accident, et il y est fait un terrible tableau de l'existence de ceux qui « font usage des liqueurs alcooliques ».

Les lettres de service de la Compagnie sont transportées dans le wagon à bagages; elles portent la mention O. C. S. (our Company's service).

Malgré la simplicité de l'exploitation et l'élasticité des règlements, les accidents sont très rares sur le Canadian Pacific Railway; sur la ligne transcontinentale, il n'y a pas eu d'accident mortel de voyageur depuis l'ouverture de la ligne en 1885 (1).

Trafic. — Nous avons deux moyens de nous rendre compte du trafic de la ligne :

D'abord, il suffit de consulter le Time-Table. Nous y voyons qu'entre Winnipeg et Fort-William, il circule par jour un train de voyageurs et quatre trains de marchandises; c'est, bien entendu, le trafic maximum, puisque le Trainmaster peut toujours supprimer tel train qu'il désire, lorsqu'il n'y a pas de marchandises à transporter.

Or, un train de voyageurs comprend *(voir fig. 20)* :

1 wagon poste-messageries,
1 fourgon à bagages,
1 ou 2 « colonist sleeping-cars » ou wagons de 2e classe,
1 wagon de 1re classe,
1 « tourist sleeping-car »,
1 wagon-lit.

(1) A propos des accidents de chemins de fer au Canada, nous relevons dans les statistiques officielles de 1892 les chiffres suivants :

	Tués	Blessés
Voyageurs	14	40
Employés de chemins de fer	110	700
Divers	109	139
Totaux	233	879

ce qui représente 1,03 voyageur par million transporté, ou encore 1 voyageur tué sur 966 672 et un blessé sur 338 335. Aux États-Unis, on compte 1 tué par 1 523 000 transportés, mais 1 blessé par 23 845 voyageurs. En France, il y a 1 tué pour 6 millions transportés et 1 blessé pour 1 600 000 transportés.

Quant au trafic des chemins de fer, il y a au Canada 2,8 voyageurs par tête de population, contre 6,3 en France; de même 4,5 tonnes de marchandises transportées contre 2,4 en France.

Nous donnons le plan et l'élévation du « Standard train du Canadian Pacific Railway » tel qu'il est exposé à l'Exposition de Chicago *(fig. 19)*.

Nous verrons plus loin quel est le plan et la capacité de chacun de ces wagons ; pour l'instant, nous constaterons qu'ils représentent une capacité maximum totale de 160 personnes.

Le Canadian Pacific Railway faisant circuler sur la ligne 7 trains en moyenne par semaine, sans compter les trains spéciaux d'émigrants, on peut se faire une idée du trafic des voyageurs sur la ligne ; il représente une moyenne de 50 000 voyageurs par an.

Maintenant, si nous consultons le dernier rapport annuel de la Compagnie, nous en extrayons les chiffres suivants :

Il y a eu 3 150 684 passagers transportés sur toutes les lignes de la Compagnie, chacun d'eux a fait un trajet moyen de 105 milles.

Il y a eu 4 058 575 tonnes de marchandises transportées, chacune d'elles ayant fait un trajet moyen de 380 milles. Ces marchandises se répartissent comme suit :

Farine. . . . . Tonnes.	235 542
Grain	724 868
Bétail	95 475
Bois de construction.	896 699
Bois à brûler	232 787
Articles manufacturés.	1 020 558
Divers.	852 646
TOTAL.	4 058 575

Les recettes par mille ont été :

Par passager. . . . . 1,7 cent, soit 0,055 *f* par kilomètre.
Par tonne de marchandise. . . . . 0,91 cent, soit 0,03 *f* par kilomètre.

Les recettes par « Train trafic mile » ont été :

	Milles.	Dollars.	Soit par train trafic mille.
Passagers. . .	5 716 541	6 506 270	$ 1,14
Marchandises .	8 605 829	12 537 765	1,45
ENSEMBLE .	14 322 370	19 044 035 45	1,33
Recettes supplémentaires. Bateaux, télégraphes, etc. .		703 260 20	
TOTAL.		19 747 295 65	1,38

Les dépenses par « Train trafic mile » ont été :

Voie et ouvrages d'art.	$ 0,18	82 cents.
Traction	0,29	
Matériel roulant	0,05	
Exploitation et frais généraux . . .	0,30	

Donc le bénéfice brut réalisé a été de . . . . . 56 cents.

Les recettes et les dépenses en 1891 ont été les suivantes :

RECETTES			DÉPENSES		
	DOLLARS	FRANCS		DOLLARS	FRANCS
Voyageurs.	5 459 789	28 390 902	Exploitation	3 032 475	15 768 870
Marchandises . . .	12 665 540	65 860 808	Voie et ouvrages d'art	2 519 825	13 143 090
Poste.	516 098	2 683 710	Traction	4 217 975	21 933 470
Messageries	288 633	1 500 892	Matériel roulant . .	704 446	3 663 119
Wagons de luxe .	303 545	1 577 430	Wagons de luxe. .	68 698	357 230
Télégraphe	1 007 489	5 238 943	Steamers des lacs .	165 093	868 483
			Télégraphe.	328 708	1 709 282
			Frais généraux. .	1 194 214	6 202 913
TOTAUX. . . .	20 241 095	105 243 695	TOTAUX. . . .	12 231 434	63 603 458

Le bénéfice brut a donc été de **41 640 237** *f.*

Sans entrer dans le détail de la partie financière, disons que le bénéfice total net s'élève à la somme de **24 448 320** *f.*

Remarquons que les dépenses représentent 60,43 0/0 des recettes et le bénéfice brut 39,57 0/0 de ces mêmes recettes.

En 1892, les recettes et les dépenses s'établissent comme suit (1) :

RECETTES			DÉPENSES		
	DOLLARS	FRANCS		DOLLARS	FRANCS
Voyageurs.	5.509.277	28.923.704	Constron et entretien	2.509.858	13.176.754
Marchandises . . .	13.091.396	68.729.820	Explon, tracton, etc.	5.020.091	26.355.477
Poste, messies, etc.	2.488.431	12.490.262	Divers et frais génx .	4.911.177	25.783.679
TOTAUX.	20.789.104	110.152.795	TOTAUX	12.441.126	65.315.910
Recettes par mille .	3.757	»	Dépenses par mille .	2.248	»
Id. par kilom.	»	12.270	Id. par kilom.	»	7.400

(1) D'une façon générale, au Canada, les recettes brutes par « train trafic mile » ont été de 1,16 $, tandis qu'en France le chiffre correspondant n'est que 0,78 $; les recettes encaissées par tonne transportée ont été de 1,49 $ au Canada contre 1,52 $ en France (tarif de 1889).

Les dépenses représentent donc environ 61,3 0/0 des recettes ; ce chiffre est le plus bas de tous les chiffres similaires des autres Compagnies canadiennes où il atteint 72 0/0 au Grand Trunck Ry ; 69 0/0 au Quebec Central Ry ; 65 0/0 au Canada Atlantic Ry ; 68 0/0 au Canada Southern Ry, et enfin 120 0/0 dans les chemins de fer du gouvernement. La moyenne est de 71 0/0.

Tarifs. — La question des tarifs en Amérique est très complexe et très différente de ce qu'elle est en France.

La concurrence entre les diverses lignes force souvent les Compagnies à diminuer le prix des transports en certaines parties de leurs lignes, de telle sorte qu'on constate parfois des différences qui semblent inexplicables au premier abord. En voici un exemple :

Le prix du billet de Fort-William à Vancouver est, *je suppose*, sur le Canadian Pacific Railway de $ 60, mais la ligne des États-Unis, le Great Northern Railroad, annonce que son prix du passage intercontinental de Duluth à Tacoma est de $ 50, les frais de bateau de Fort-William à Duluth et de Tacoma à Vancouver étant à peu près de $ 5 ; le prix du même trajet par la voie du Great Northern reviendra donc à $ 55. Aussitôt le Canadian Pacific Railway diminue son tarif et le met à $ 57,5, faisant remarquer au public par des annonces que, pour $ 2,50 de plus que son concurrent, il offre l'avantage de faire le trajet sans transbordements. Enfin, le Canadian Pacific Railway abaissera les tarifs des stations à l'est et à l'ouest de Fort-William, pour éviter que les voyageurs de ces stations ne trouvent de même leur avantage à passer par Duluth.

Par cet exemple extrêmement simple, on peut comprendre à combien de modifications, sans raisons apparentes souvent, sont soumis les tarifs. Deux fois par an, les « General passager Agents » et les « General Freight Agents » se réunissent et discutent les modifications à apporter aux tarifs, pour lutter contre la concurrence. Des barèmes établis à cette époque permettent aux employés d'appliquer immédiatement les tarifs.

Une autre raison qui influe sur les tarifs est que, sur une longue ligne comme le Canadian Pacific Railway, les dépenses d'entretien, d'exploitation, de traction, etc., varient assurément suivant les localités. On peut admettre que ces dépenses représentent 2 cents dans le bas Canada, 4 cents dans la région des Lacs, 3 cents dans les prairies et 5 cents dans les montagnes ; il ne faut pas croire qu'on applique la moyenne de ces chiffres, soit 3 1/2 cents, sur toute la longueur de la ligne.

On comprend que le prix du voyage dans chacune de ces divisions sera basé sur le prix de revient respectif de chaque division, mais quand le trajet s'effectuera sur plusieurs divisions, il sera nécessaire d'établir le prix du billet suivant une moyenne convenablement proportionnée.

On peut dire que le prix des billets de 1re classe varie de 3 cents à 5 1/2 cents, ce qui correspond à une moyenne très approximative de 0,14 *f* le kilomètre sur la ligne transcontinentale. La 2e classe et les « Colonists Sleeping-Cars » (ceux-ci n'existent que sur les longues distances, principalement entre Montréal et le Manitoba), jouissent d'un tarif réduit. Pour favoriser l'émigration, le prix entre Montréal et Winnipeg en 2e classe est de 0,05 *f* le kilomètre.

Par ces quelques observations, on voit qu'il est presque impossible de dire que le tarif de la Compagnie du Canadian Pacific Railway est de tant le kilomètre, et il est facile de comprendre à quelles fluctuations sont soumis les tarifs par suite des concurrences, de l'époque de l'année, du sens du voyage, de la ligne considérée, etc.

Les billets d'aller et retour, les billets d'excursion jouissent, comme en France, d'un tarif réduit de 25 0/0.

Les tarifs de marchandises sont aussi soumis aux mêmes lois; cependant le Canadian Pacific Railway admet que le prix brut de transport d'une tonne lui revient à 0,016 *f* le kilomètre. Le prix du transport des marchandises est basé sur un chiffre moyen de 0,035 *f* la tonne kilomètre; cependant, pour favoriser l'immigration, il a été abaissé à 0,025 *f* par wagon complet contenant des bagages, mobilier, outils et animaux d'immigrants.

CHAPITRE III

Locomotives.

Les locomotives américaines se distinguent par un certain nombre de particularités extérieures qui frappent à première vue. Le centre de gravité est très élevé, et, cependant, la stabilité des machines est assez grande pour permettre la circulation des trains marchant à 100 *km* à l'heure, avec des courbes d'un rayon bien inférieur à celui des courbes des grandes lignes européennes.

Par exemple, le State Empire Express fait le trajet entre New-York et Buffalo, à raison d'une marche moyenne de 84 *km* à l'heure, arrêts compris; et les courbes sont facilement franchies, grâce au truc d'avant qu'on trouve dans toutes les machines. Les cylindres sont placés horizontalement et à l'extérieur du châssis, tandis que la distribution est placée à l'intérieur du châssis; mais, grâce à l'élévation de la chaudière au-dessus des essieux, l'accès des coulisses est très facile. Les bielles motrices sont très longues pour diminuer l'inclinaison sur les manivelles.

Enfin, une des grandes différences avec les machines européennes consiste dans la commodité et le confortable accordés aux hommes qui conduisent la machine; la main-d'œuvre ouvrière en Amérique est bonne en général, mais elle est difficile à contenter. Aussi tous les détails de la construction des locomotives tendent-ils à réduire les manipulations et à simplifier les manœuvres.

Le mécanicien et le chauffeur sont placés au-dessus et sur le côté du foyer, c'est-à-dire très haut au-dessus du rail; ils sont confortablement abrités des intempéries par une cabine munie de glaces sur trois faces et de rideaux de forte toile en arrière; ils ont chacun un banc rembourré avec dossier. La nuit, une lanterne fanal munie d'un grand réflecteur parabolique éclaire la voie au loin et le « chasse-vache » ou « pilote » placé devant la machine est là pour écarter les obstacles des rails.

Le mécanicien effectue le graissage des différents organes sans bouger de son poste; il a sous la main ses différents leviers et robinets, et ceux-ci, grâce à ce qu'ils sont garantis de la pluie et de la poussière, s'entretiennent facilement. Quelquefois on supprime le niveau d'eau à tube pour ne conserver que la série de trois petits robinets; le Canadian Pacific Railway, par mesure de précaution, emploie les deux appareils sur ses machines.

Les machines américaines sont incontestablement très puissantes; et il n'est pas rare de voir un long train de marchandises traîné par une machine à deux essieux moteurs. Il est vrai que la vapeur est produite à pression élevée; ceci a cependant l'inconvénient d'entraîner par la cheminée de nombreuses escarbilles et menus fragments de charbon, mais, pour diminuer les chances d'incendie, on fait de très grandes boîtes à fumée avec cloisons à chicanes. Autrefois, et on a gardé cette disposition dans les machines au bois, on employait la cheminée tronconique, garnie de toiles métalliques.

La puissance des machines américaines réside, en outre, dans la rusticité des organes qui permet de leur faire faire un travail intensif. Il n'est pas rare, aux États-Unis, de voir des Compagnies acheter leurs machines « toutes faites » dans les grands ateliers, comme ceux de Baldwin, à Philadelphie. Ces machines devront marcher à outrance avec le moins de réparations possible, puis, mises à la ferraille au bout de peu d'années, elles seront remplacées par un type plus nouveau et plus économique.

Le Canadian Pacific Railway n'a pas suivi cette voie ; forcé, au début, d'acheter ses machines aux États-Unis, il n'a pas tardé à reconnaître tout l'avantage qu'il trouverait à construire ses machines lui-même, et, depuis cinq ans qu'il a établi ses ateliers, il ne peut que s'en féliciter. Nous établirons, à la fin de ce chapitre, un prix de revient comparatif qui montre l'économie que la Compagnie de chemin de fer en retire.

Le Canadian Pacific Railway a actuellement près de 190 locomotives en service, dont un quart environ est sorti de ses ateliers de Montréal. Le plan général de ses ateliers est compris de façon qu'il n'y ait aucune fausse manœuvre au cours de la construction : les pièces de forge arrivent toutes préparées à une des extrémités du grand hall de montage et, à l'autre extrémité de ce hall, la locomotive sort achevée pour recevoir son tender et être envoyée à l'atelier de peinture.

L'outillage est assez puissant pour pouvoir suffire, en cas de besoin, à la construction d'une machine complète en cinq semaines. La production moyenne est d'environ 3 à 4 machines par mois.

Les locomotives doivent subir une réparation complète après trois ans de service, ce qui fait qu'on répare, aux ateliers de Montréal, 6 à 8 machines par mois, d'une façon importante ; un nombre égal de locomotives ont à subir de légères réparations, qui sont effectuées pour la partie éloignée de Montréal, dans des ateliers de réparations annexes. A Montréal, les machines à réparer sont disposées dans une rotonde munie de tous les appareils de levage nécessaires, et la réparation s'effectue aussi rapidement que possible, avec grande économie de main-d'œuvre. Le Canadian Pacific Railway fabrique ses chaudières, ses pièces de forge et presque tous ses accessoires. Les roues motrices sont en fer ou en fonte, les petites roues sont en fonte. Dans certaines machines américaines, les roues n'ont pas de bandages et sont simplement coulées en coquille ; au Canadian Pacific Railway, les roues de locomotives sont toutes munies de bandages ; ceux-ci viennent de chez Krupp. Les têtes de bielle sont en acier fondu, les essieux en acier forgé, éprouvés à la flexion et au pliage ; ces pièces sont fabriquées en Ecosse.

Dans les tableaux suivants, nous avons réuni les divers renseignements relatifs aux locomotives du Canadian Pacific Railway et à leurs tenders :

Locomotives

TYPES		NOMBRE	DIAMÈTRE ET course des CYLINDRES	EMPATEMENT	DIAMÈTRE DES ROUES		NOMBRE DE ROUES		POIDS		
					MOTRICES	TRUCS	MOTRICES	TOTAL	ADHÉRENT	SUR LE TRUC	EN MARCHE
				mètres							
SB	GV	7	482 × 558	16	1,75	0,92	4	8	30 150	14 629	45 730
SF	—	5	477 × 609	16	1,75	0,92	4	8	30 150	14 629	45 730
SC	—	5	442 × 609	15,7	1,75	0,76	4	8	26 550	13 950	40 500
SM	—	2	508 × 558	16,1	1,90	0,76	6	10	38 800	10 350	48 150
SN	Exp	6	482 × 609	16,1	1,75	0,76	6	10	38 800	10 350	48 150
SQ	—	5	482 × 609	16,1	1,75	0,76	6	10	38 800	10 350	48 150
SA	Mar.	44	442 × 609	15,7	1,57	0,76	4	8	25 200	13 950	39 150
SH	—	6	477 × 609	15,8	1,57	0,76	4	8	29 250	14 400	43 650
SO	—	10	477 × 609	15,9	1,45	0,71	6	10	36 450	10 800	47 250
SP	—	48	477 × 609	16	1,57	0,71	6	10	36 800	10 800	47 600
SR	—								39 600	10 800	50 400
SD	C	4	482 × 558	16	1,29	0,92	8	10	40 910	5 895	46 800
SG	—	2	482 × 609	16	1,29	0,92	8	10	40 910	5 895	46 800
ST	Mo	28	477 × 609	16	1,45	0,76	6	8	38 700	5 400	40 500
SK	—	2	477 × 609	16,05	1,29	0,76	6	8	39 600	5 400	45 000
SZ	MA	6	477 × 609	12,04	1,29	—	6	6	41 850	—	41 850

ABRÉVIATIONS. — G. V., grande vitesse ; — Exp., express ; — Mar., marchandises ; — C., consolidation ; — Mo., mogol ; — Ma., manœuvres.

Tenders

TYPES DES MACHINES	POIDS à VIDE	CAPACITÉ EN		POIDS en MARCHE	DIAMÈTRE des ROUES
		EAU (hectol.)	CHARB. tonnes		
				tonnes	mètres
SB, SF. Grande vitesse	14 850	12,7	16	35 100	1,016
SC. —	13 500	12,7	10	35 100	0,838
SM, SN. Express.	14 850	12,7	6	35 100	1,016
SQ. —	15 650	13,6	10	38 250	1,016
SA, SH. Marchandises	13 500	12,7	10	35 100	0,838
SO, SP. —	14 850	12,7	6	35 100	0,838
SR. —	14 850	13,6	10	38 250	0,838
SD, SG. Consolidation	15 650	13,6	10	38 950	0,838
ST, SK. Mogol.	14 850	12,7	6	35 100	0,838
SZ. Manœuvres	12 600	9,4	6	25 650	0,838

NOTA. — Le poids en marche n'est pas égal au poids maximum possible, mais au poids moyen normal en marche.

Nota. — Le type dit « Consolidation » est un type à quatre essieux couplés avec truc d'avant à un seul essieu, c'est le type des machines puissantes à marchandises; il est aussi utilisé dans le passage des Montagnes-Rocheuses par les trains de voyageurs. Le type « Mogol » est à trois essieux couplés avec un truc d'avant à un seul essieu ; il est très employé sur le Canadian Pacific Railway. C'est la vraie machine pour trains mixtes ou trains de voyageurs lourdement chargés.

Le nombre des machines actuellement construites par les ateliers du Canadian Pacific Railway est de 180 (suivant le détail du tableau).

Nous donnons un croquis (*fig. 19*) d'une machine du type SR, dit « 10 wheels standard engine » ; c'est un des meilleurs types de machines puissantes à marchandises et aussi de machines pour trains mixtes relativement rapides. Elle a été construite aux ateliers de Montréal et exposée à Chicago.

Les différents chiffres de la machine sont les suivants :

Poids total de la machine	50 400 *kg*
Poids sur les roues motrices	39 600 *kg*
Poids sur le truc	10 800 *kg*
Nombre de roues motrices	6
Diamètres roues motrices.	1,57 *m*
Diamètre des roues du truc.	0,71 *m*
Nombre des tubes de la chaudière	192
Longueur — —	3,85 *m*
Diamètre — —	0,05 *m*
Diamètre du cylindre et course.	477×609 *mm*
Empatement des roues motrices.	3,88 *m*
— — du truc.	1,85 *m*
Distance de l'axe du truc au premier essieu moteur	2,205 *m*
Empatement de la machine sans tender . . .	7,070 *m*
Empatement total (machine et tender).	15,658 *m*
Longueur de la boîte à fumée.	2,030 *m*
Diamètre — —	1,520 *m*
Distance de l'axe de la cheminée à la plaque d'avant.	1,370 *m*
Diamètre extérieur du corps cylindrique de la chaudière	1,470 *m*
Diamètre extérieur avec l'enveloppe	1,576 *m*

Hauteur maxima du corps du foyer	2,310 m
Longueur du foyer	2,642 m
Largeur de la grille	0,935 m
Surface de la grille	2,180 m²
Surface de chauffe des tubes	108,440 m²
— du foyer	11,740 m²
— totale.	120,180 m²
Pression de la vapeur	12,650 kg
Dimensions de la cabine du mécanicien . . .	3,20×2,12 m
Hauteur du plancher de la cabine au-dessus du rail	2,000 m
Hauteur totale de la machine.	4,975 m
Longueur totale de la machine et du tender .	18,200 m

Nous nous permettons d'attirer principalement l'attention sur la boîte à fumée, ainsi que la disposition du foyer, l'une disposée pour retenir les escarbilles, et l'autre destinée à brûler des qualités de charbon très différentes.

Nous avons établi, dans le tableau qui figure ci-après, le prix de revient de la machine dont nous venons de parler.

Prix de revient d'une « Standard 10 Wheels Freight Engine ».

Type SR. — Roues en fonte. — Frein Westinghouse.

	Poids en livres	Prix de la livre (1) en cents	Prix total en dollars
	—	—	—
Fontes cylindres.	7 123	4	284,92
— ordinaire	22 742	1,65	375,24
Fers forgé et brut	17 855	1,5	267,82
— profilés.	4	2,4	96,00
— tôles.	8 300	2,2	182,60
— tuyaux.	»	»	26,28
— spéciaux et supérieurs	4 621	7,1	328,09
— divers	2 427	2,4	58,25
Aciers fondu.	3 505	8,75	306,68
— forgé.	2 016	9	181,44

(1) Ces prix correspondent aux prix suivants, le kilogramme : Fonte ordinaire, 0,19 *f.* Fonte à cylindres, 0,46 *f.* Fonte pour roues, 0,20 *f.*

Fers profilés et tôles, 0,27 *f.* Fils de fer, 0,34 *f.* Fer de Russie, 1,15 *f.* Acier à ressorts, 0,48 *f.* Acier fondu, 0,98 *f.* Acier tiges de piston, 0,68 *f.* Tôles d'acier pour chaudière, 0.25 *f.* Bandages d'acier, 0,57 *f.* Essieux forgés, 0,55 *f.*

Cuivre rouge et laiton en tôles, 2,30 *f.* Laiton fondu, 2,08 *f.* Plomb, 0,46 *f.* Métal antifriction, 2,40 *f.* Soudure, 2,19 *f.* Cuir, 5,7 *f.* Caoutchouc, 3,10 *f.*

Aciers à glissières	436	8,5	37,06
— tôles	19 556	2,2	430,25
— tubes de chaudières 2 600′	»	»	347,62
— rivets	1 788	2	35,76
— porte du foyer	34	2	0,68
Cuivre tôles	14	20	2,80
— tiges, fils, etc.	115	21	24,15
— tuyaux	165	25	41,25
Laiton tubes	31	22	68,20
— tôles, tiges, divers	75	20	1,50
Plomb	178	4	7,12
Métaux divers	»	»	32,20
Essieux roues motrices	3 033	4,79	145,37
— roues du truc	728	4,75	34,58
— roues du tender	1 765	4,75	72,64
Roues motrices, 6 de 62 pouces de diamètre.	12 443	1,75	217,65
— du truc, 4 de 28 —	3 600	2	74,00
— du tender, 8 de 33 —	7 350	2	147,00
Bandages en acier, roues motrices	5 975	4,94	295,20
Ressorts	3 692	4,10	151,37
Injecteurs	»	»	124,30
Freins Westinghouse	»	»	693,30
Divers : manomètres, toile métallique, etc.	»	»	65,90
Caoutchouc, cuir, etc.	»	»	10,91
Briques du foyer	»	»	98,01
Bois : frêne . . . le pied.		3	7,50
— cerisier —		7	5,06
— chêne —	9 462	3,16	39,51
— pin —		2,77	32,41
— bois blanc —		4,54	21,28
Divers non mentionnés ci-dessus	2 934	»	46,20
Poids et prix bruts . . Totaux	135 600	3,5	4 746,00
Déchets laiton	177	20	35,40
— fer	798	2	15,96
— acier	307	2,2	6,75
— cuivre	115	20	2,30
Total des déchets, à déduire	12 935	»	60,40
Poids et prix nets . . Totaux	112 665	»	4 685,60

Prix net des matériaux	$ 4 685,60
Outils de mécanicien.	150,86
Accessoires divers	125,88
Peinture et vernis	34,59
Charbon	133,76
Main-d'œuvre forge	475,68
— montage.	543,82
— ajustage.	763,00
— chaudronnerie	853,87
— laiton et étain.	61,57
— outillage.	5,26
— menuiserie.	75,00
— peinture.	55,26
— divers	51,80
Total. . . .	8 016,89
15 0/0 pour frais généraux et amortissement du matériel	1 202,54
Prix de revient total. . . $	9 219,43

Le prix de revient total est de $ 9219, ce qui correspond à 46097 *f*. Le poids étant de 112665 livres, c'est-à-dire de 50,4 *t*, le prix de revient par tonne ressort à 914,60 *f*.

Quant aux autres types de machines, nous donnons le prix de revient des principaux :

Type S.M. avec frein Westinghouse et roues en fer :
Poids : 48,15 *t*. Prix : 49 500 *f*, soit 1 031 *f* la tonne ;

Type S.A. Locomotives à marchandises, construction ordinaire :
Poids : 39,15 *t*. Prix : 30 000 *f*, soit 769 *f* la tonne ;

Type S.H. Locomotives à marchandises, puissantes, roues en fonte :
Poids : 43,65 *t*. Prix : 41 500 *f*, soit 943 *f* la tonne ;

Type S.Z. Locomotives de manœuvres :
Poids : 41,85 *t*. Prix : 35 000 *f*, soit 836 *f* la tonne.

Le Canadian Pacific Railway, comme nous l'avons dit, a été forcé, au début de son existence, d'acheter des machines dans les grands ateliers de construction. Les machines du type « Mogol », par exemple, achetées aux ateliers de Kingston, Canada, ressortaient à 50 000 *f*.

Les machines du type « Consolidation », 4 essieux couplés,

achetées aux grands ateliers de Baldwin à Philadelphie, ressortent à 53 940 *f*, rendues à Montréal.

Les dimensions de ce type de machine sont :

Diamètre et course des cylindres :	477 × 609 *mm* ;
Diamètre des roues motrices :	1,57 *m*
Poids adhérent	37 125 *kg*
Poids sur le truc.	10 125 *kg*
Poids total.	47 250 *kg*

Cette machine peut tout à fait être comparée au type SH du Canadian Pacific Railway qui est à peu près des mêmes dimensions et du même poids. Le prix de revient de la machine du Canadian Pacific Railway est de 943 *f* la tonne. Celui de la machine Baldwin s'établit ainsi :

Prix d'achat à Philadelphie (840 *f* la tonne).	39 750 *f*
Douane (33 0/0, *ad valorem*)	13 250 *f*
Transport	940 *f*
TOTAL.	53 940 *f*

soit 1 180 *f* la tonne.

On voit donc que le Canadian Pacific Railway construisant ses machines lui-même réalise une économie de 237 *f* par tonne.

Charrues à neige.

Ces appareils, qui rentrent dans le service de la construction des locomotives, offrent au Canada une importance qu'ils n'ont pas chez nous ; nous n'insisterons pas longuement sur ce point, mais nous croyons utile d'en dire quelques mots. Au Canada, la neige commence à couvrir le sol au commencement de novembre, et, jusqu'au dégel, à la fin de mars, il tombe périodiquement d'importantes quantités de neige qu'il est nécessaire d'enlever rapidement et à mesure de la chute, pour empêcher la congélation de ces masses qui obstrueraient complètement les passages.

Nous avons parlé dans le chapitre de « la Voie », des barrières qu'on emploie pour empêcher l'envahissement des voies par la neige chassée par le vent. Nous allons dire quelques mots maintenant des charrues à neige et grattoirs destinés à mettre et à maintenir les voies en bon état pour la circulation des trains.

Les appareils à déblayer les voies sont de deux catégories qui comprennent :

1° *Charrues à neige :* petite charrue de locomotive;
Charrue indépendante poussée par machine;
Charrue à ailettes;
Charrue à neige rotative.

2° *Grattoirs.* — Sur le « pilote » de la locomotive; — à l'arrière du train ou d'une charrue.

Le type le plus employé dans les charrues placées en avant des locomotives est celui dit en V; il fournit un bon travail quand la couche est uniforme et ne dépasse pas 0,60 *m*.

Quand on a affaire à des épaisseurs de neige de 1 à 2 *m*, on emploie les charrues indépendantes qui sont poussées par une machine. Ces appareils sont constitués par un soc placé à l'avant d'un wagon; ce soc est simple ou double suivant qu'il est nécessaire de rejeter la neige d'un côté ou des deux côtés de la voie. Il est formé d'un nez en acier et d'une surface inclinée ou hélicoïdale, formée par des frises de bois dur. Le nez métallique est souvent formé par une sorte de coin qui repose sur les deux rails. La neige est ainsi soulevée au niveau de la voie, tandis que le mouvement en avant lui fait gravir la surface hélicoïdale qui la rejette violemment sur le côté. Le nez métallique peut être manœuvré de l'intérieur, de façon à être relevé au passage des ponts, des aiguilles, etc.

Le Canadian Pacific Railway dont le réseau est en général à simple voie, emploie surtout la charrue à double soc; la pratique a montré que pour une charrue de 3 *m* de large opérant sur de la neige de 1 *m* d'épaisseur, la portion courbe du soc doit avoir 1,50 m^2 de surface.

Ces charrues sont à nez carré, comme nous l'avons dit plus haut, et de plus sont munies d'ailettes. Celles-ci sont des portes en bois armé de fer destinées à élargir le passage qu'a fait le soc; elles doivent être plus ou moins ouvertes suivant les endroits traversés et doivent être fermées entièrement en certaines places, comme le passage des ponts, des tunnels, etc. Leur effet utile varie jusqu'à 80 *cm* de chaque côté, ce qui porte le passage total déblayé à 4,60 *m*. Un poste de vigie permet d'observer la voie et de manœuvrer utilement les appareils. L'inconvénient de ces machines, qui rendent de grands services, résulte de ceci, que, devant être poussées à une assez grande vitesse, il arrive souvent des accidents de déraillement, bris d'ailettes, etc.

Le Canadian Pacific Railway compose ses « trains-charrues » de la charrue proprement dite, de la locomotive et d'un wagon contenant des outils et des hommes pour parer à toutes éventualités; lorsqu'on est au milieu d'une tempête de neige, on ajoute souvent une deuxième locomotive en queue. Cette machine est tournée, le soc en arrière, de façon à pouvoir ouvrir un passage de retraite en cas d'insuccès. Dans les contrées où l'on a à craindre, outre la neige qui tombe du ciel, celle qui glisse des montagnes, il est nécessaire d'employer des machines à très grande production, les charrues à neige rotatives.

Celles-ci sont essentiellement constituées par un système circulaire hélicoïdal ou à ailettes qui est animé d'un mouvement rapide de rotation, au moyen d'une machine fixe puissante placée à l'intérieur du wagon-charrue.

Le Canadian Pacific Railway emploie le type dit « Rotary » et le construit lui-même dans ses ateliers. Cette machine comprend un grand plateau de 3,30 *m* de diamètre tournant avec une vitesse variant suivant les cas. Au centre du plateau, un système de pointes fait une sorte d'avant-trou dans la neige, puis une série de lames coupantes inclinées disposées suivant les rayons, vient entamer celle-ci quelque dure qu'elle soit; coupée par une des séries de couteaux, elle tombe dans des cases en acier de forme conique, qui par la force centrifuge, la rejettent à la circonférence, d'où elle s'échappe à la partie supérieure sous forme d'une grande parabole.

Dans le premier type de machine, la roue elle-même était légèrement concave et tournait dans un cadre carré en acier. On a employé depuis une disposition un peu différente en donnant une forme convexe à l'ensemble de la roue tournante, qui permet ainsi une pénétration progressive dans la masse souvent très dure de la neige.

La machine est réversible, et, à cet effet, les couteaux disposés en deux séries, deux par deux, prennent automatiquement la position convenable suivant le sens de la marche de la machine.

L'échappement de la neige est réglé en direction et en distance, au moyen d'un registre spécial, de façon à envoyer la neige à droite et à gauche à une distance de la voie variable à volonté; on comprend que, la voie passant d'un côté et de l'autre de la montagne, il est nécessaire de rejeter la neige toujours du côté de la vallée. Lorsque la voie est double, la neige peut être envoyée par-dessus la voie déjà nettoyée.

La machine est du type locomotive avec des cylindres ayant 17×22 pouces, la chaudière horizontale tubulaire système Belpar.

La « Rotary » est munie du frein Westinghouse et porte entre ses deux trucs deux sortes de grattoirs; un premier en acier très dur, pour enlever la glace sur la surface du rail, et un autre plus important sert à dégager le côté intérieur de chaque rail comme nous le verrons plus loin.

Les dépenses d'exploitation de la « Rotary » comprennent celles qui proviennent de cette machine proprement dite et de celles qui résultent du travail des locomotives qui la poussent.

Voici en moyenne ces dépenses par mille :

Main-d'œuvre.	$	0,107
Combustible		0,041
Divers.		0,0145
Entretien.		0,0065
PRIX PAR MILLE	$	0,1690

soit 0,55 f par kilomètre.

Prix total par mille, y compris la locomotive : 0,335 $, soit 1,09 f par kilomètre.

Au 1er avril 1893, les machines « Rotary » avaient déblayé les voies sur une distance de 67 319 milles.

Grattoirs. — Par suite de brusques changements de température, il arrive souvent que la neige s'accumule en masses assez dures, pour soulever le boudin des roues et faire sortir celles-ci de la voie; il importe donc de venir enlever la neige glacée dans la partie intérieure de la voie contre le rail. Cette opération s'effectue au moyen de grattoirs en forme de socs de charrue.

Ces appareils sont disposés à la partie arrière des charrues à neige ou simplement installées sur un wagon qui s'attelle à un train de marchandises; il est nécessaire de pouvoir relever rapidement ces socs au passage des obstacles; cette manœuvre s'effectue au moyen d'un levier en bois avec contrepoids qu'on manœuvre de l'intérieur du wagon.

Une autre sorte de grattoirs est aussi disposée sur les locomotives; lorsque la neige tombe sur un rail très froid, il arrive qu'il y a adhérence et formation de glace. De plus, comme une faible épaisseur de neige, même 5 *cm*, empêche les locomotives d'avancer, il est nécessaire, lorsque les trains circulent pendant la chute de la neige, de venir enlever celle-ci du rail pour permettre la traction. A cet effet, les locomotives portent sur leur pilote — ou chasse-neige, — deux grattoirs formés de lames inclinées par rapport aux rails, qui peuvent reposer sur ceux-ci à la volonté du mécanicien au moyen d'un levier de manœuvre. Grâce à ces précautions, la traction se fait sans interruption et il est très rare d'être obligé d'employer la main-d'œuvre pour débloquer les trains.

Nous avons dit, plus haut, quel était le travail des charrues à neige pour une voie unique ; nous voulons ajouter quelques renseignements quand on a affaire à des lignes à double voie.

On s'est d'abord servi, il y a quelques années, de charrues à nez mobile rejetant la neige à droite ou à gauche, à volonté, qu'on faisait circuler consécutivement sur l'une et l'autre voie, mais ce système a le grave inconvénient de laisser encombré l'espace entre les voies. On préfère maintenant employer deux trains-charrues. Il faut d'abord considérer la direction du vent ; supposons la section intercontinentale du Canadian Pacific Railway, qui va de l'est à l'ouest : le vent souffle du nord ; de l'extrémité ouest de la section, on envoie un train-charrue sur la voie de gauche (nord) ; la charrue sera du type à nez carré ordinaire avec ailettes. Elle ouvrira donc un passage de 4,60 *m* de largeur rejetant sur la voie sud une partie de la neige. Ce premier train sera suivi sur la deuxième voie par un second train-charrue qui sera composé d'une charrue à simple soc rejetant la neige à droite, c'est-à-dire au sud, et ouvrira son ailette de ce côté pour élargir le passage réglementairement.

En terminant, il faut noter qu'il y a moins de neige sur le Canadian Pacific Railway que sur les lignes situées plus au sud, parce que les tombées de neige sont moins fréquentes. Le sol reste gelé plus longtemps, il est vrai, mais ceci ne nuit en rien au service, et, sauf des cas exceptionnels, la marche des trains est peu troublée par cet état de choses qu'on sait si bien combattre au Canada.

CHAPITRE IV

Wagons.

Environ 1 700 wagons sont actuellement en service sur le Canadian Pacific Railway, sur lesquels près de 500 à voyageurs ; une grande partie est sortie des ateliers de la Compagnie, à Montréal, mais les autres datent du début de la ligne et ont été achetés aux

États-Unis à des constructeurs de wagons ou à d'autres Compagnies de chemins de fer.

Les dimensions des wagons de voyageurs sont en largeur 3,05 *m*; quant à la longueur, elle est assez variable : tandis que les sleeping-cars ont une longueur variant entre 19 *m* et 21 *m*, les wagons ordinaires ont en moyenne 17 *m* et les wagons à marchandises n'ont pas plus de 10 *m* en général. Quelle que soit leur longueur, les wagons sont montés sur deux trucs qui leur permettent le passage des courbes.

La capacité varie aussi suivant la classe : les sleepings ne peuvent guère contenir qu'une cinquantaine de personnes au maximum, et n'ont souvent pas plus de trente lits; les wagons de première classe ordinaires transportent 56 personnes; les deuxièmes classes ou « colonists sleeping-cars », 64 personnes. Il n'y a pas de troisièmes classes.

Nous donnons quelques plans des principaux wagons du Canadian Pacific Railway *(fig. 20)*. Il y a un certain nombre de types qui ne diffèrent que par des détails infimes ou par les dimensions. Nous avons choisi les types les plus usités.

Première classe. — Ce type de wagon de première classe dont un grand nombre est en service, comprend un compartiment central de 44 places et deux petits compartiments extrêmes de 6 places chacun; entre eux, d'un côté, on trouve un urinoir, W.-C. et une toilette; à l'autre extrémité, un W. C. pour dames et l'appareil de chauffage. L'inconvénient de ce plan est qu'on réserve le compartiment d'arrière pour les fumeurs, et que celui d'avant se trouve en général, complètement déserté, surtout en hiver.

Deuxième classe. « Colonist Sleeping-Car ». — Comprend 64 places réparties en deux compartiments : le principal de 48 places et le fumoir avec 16 places. Les banquettes, faites en lattes de bois, peuvent se réunir et former un lit assez large pour deux personnes et on descend du plafond une couchette analogue à la précédente; à une des extrémités est le poêle et l'urinoir W.-C., de l'autre une toilette et un W.-C. pour dames. Les deuxièmes classes ordinaires diffèrent en ce qu'elles n'ont pas « d'accommodation pour dormir ».

Bagages. — Se compose d'un seul grand compartiment au milieu duquel se trouve un calorifère, une table, une armoire et une fontaine pour le « baggageman ». Dans le type que nous donnons et qui est celui d'un des wagons faisant le service entre Halifax et Montréal, le plan est un peu plus complexe; cette ligne, traversant une partie de l'État du Maine aux États-Unis, on a été forcé d'établir un compartiment spécial fermé, dans lequel on enferme les bagages sous seing de la douane pendant le passage à travers les États-Unis. A l'autre extrémité du wagon, on a ménagé deux grands emplacements destinés à apporter des provisions dans la glace.

Ces wagons effectuent aussi le transport des colis d' « express », c'est-à-dire messageries, colis postaux et transport de fonds.

Wagon-Poste. — Nous donnons le plan d'un wagon-poste qui contient un compartiment pour les colis d'express. Il est fait pour les longs trajets et contient des couchettes pour les employés.

Dining-Car. — Le wagon-restaurant comprend à une extrémité, la cuisine, le réfrigérant à glace, l'office. La salle à manger contient cinq tables à quatre places, et cinq à deux places, soit trente places. A l'autre extrémité du wagon se trouvent un lavabo, l'appareil de chauffage, des armoires à linge et à vin.

Wagon-Salon. — Comprend dix-huit fauteuils, plus des sophas. A une des extrémités, est un compartiment réservé avec deux fauteuils et un sopha, à l'autre un fumoir avec deux sophas. Les fauteuils sont des fauteuils mobiles en osier qui permettent d'admirer le paysage par les larges fenêtres disposées à cet effet.

Sleeping-Car. — Nous donnons le plan d'un des plus grands wagons-lits du Canadian Pacific Railway. Le nom du wagon-type de cette sorte est « Pekin ». Il comprend vingt-sept lits. A une extrémité, on trouve le W.-C. et lavabo des dames, l'appareil de chauffage, des armoires et un réduit pour les petits bagages des voyageurs. A l'autre extrémité, le « State-Room » ou compartiment réservé avec trois lits, puis, tout à fait à l'arrière, le fumoir avec W.-C., lavabo et salle de bains.

Wagon-Cuisine. — Le wagon-cuisine a été créé en 1885 pour les trains transportant les troupes au moment de la révolte des Métis du nord-ouest. Il ne trouve son emploi que dans des circonstances exceptionnelles.

Les différentes dimensions des wagons sont les suivantes :

Première classe .	56 personnes, longueur :	57′2″	— 17,40 *m*
Deuxième classe .	64 — —	57′2″	— 17,40 *m*
Bagages	» —	56′0″	— 17,10 *m*
Postes	» —	56′0″	— 17,10 *m*
Restaurant . . .	30 personnes —	62′5″	— 19,00 *m*
Salon.	20 fauteuils —	66′0″	— 20,15 *m*
Wagon-lit. . . .	27 lits —	68′5″	— 20,90 *m*
Cuisine.	» —	56′0″	— 17,10 *m*

Les wagons-lits ou wagons-salons sont établis d'une façon spéciale, en raison de leur grande longueur; ils sont dans le type le plus récent, construits avec deux cloisons en arcades, ayant pour but de répartir les efforts sur la longueur totale des wagons; ces cloisons à jour sont en même temps le prétexte d'une élégante ornementation.

Les ateliers de construction des wagons sont situés à Hochelaga, faubourg de Montréal. L'atelier de montage a la forme d'une rotonde à locomotives, desservie au centre par un grand pont tournant de 30 *m* de diamètre. Il y a 35 places pour la construction des wagons et un passage pour la voie de sortie.

Le bois employé est le pin de Douglas, ou arbre à fourrure, qui est amené de la Colombie anglaise par grands morceaux de 23,5 *m* de long. Les bois de luxe viennent de New-York, où se trouve le marché de ces bois.

Le temps employé à la construction des wagons varie suivant le type de ceux-ci : il faut quatre mois pour un wagon-lit; trois mois pour un wagon à voyageurs ordinaire et deux mois pour un wagon à bagage ou un wagon-poste. Quant aux wagons à marchandises, ils sont de trois types principaux : wagon plate-forme, wagons fermés et wagons pour le transport des animaux.

Les prix de revient des wagons à Montréal sont les suivants :

	Poids.	Prix.
Wagon-lit.	85 000 *kg*	$ 18 000 (1)
Première classe	62 000	5 000
Deuxième classe	57 000	4 600
Bagages.	55 000	3 200
Marchandises (fermés) . . .	24 000	535
— plate-forme . .	18 800	435

(1) Ces chiffres ne sont que des moyennes, les prix variant avec le luxe de l'installation.

Le nombre des ouvriers employés aux ateliers d'Hochelapa est de 750, sur lesquels plus des trois cinquièmes sont des Canadiens-Français. Le prix moyen de la main-d'œuvre est $ 1,75, soit 8,75 *f* par jour.

Avant d'entrer dans le détail de la construction des wagons, nous voulons dire un mot de l'organisation des wagons de luxe : parlor, dining et sleeping-cars.

Aux États-Unis, ce service est d'ordinaire confié à des grandes Compagnies, Pullman ou Wagner. Les chemins de fer leur donnent le droit d'accrocher leurs wagons à leurs propres trains et chacun y trouve ainsi son avantage; la Compagnie de chemin de fer qui a ses voyageurs transportés sur un matériel autre que le sien, la Compagnie des sleeping-cars qui a la traction gratuite et qui perçoit un droit supplémentaire sur les voyageurs.

Le Canadian Pacific Railway n'a pas adopté cette combinaison; comme nous l'avons vu plus haut, il construit ses sleeping-cars lui-même et en effectue aussi par lui-même l'exploitation.

Le service de chaque sleeping-car est fait par un « porter » nègre sous la surveillance du conducteur du train; le porter doit percevoir le supplément chez les voyageurs montant sans billets (1); il remplit à

CANADIAN PACIFIC RAILWAY
DIAGRAMME D

Sleeping car ....
à quitté ....
.... le .... 189 ....
arrivée à ....
.... le .... 189 ....
.... *Conducteur ou "Porter".*

Armoire — Numéro d'ordre .... — *Chauffage*
Toilette Dames — *Water Closets Dames*

H B 2 — Billets de Transfer — 1 H B
H B 4 — 3 H B
H B Sopha 6 — 5 Sopha H B
H B Sopha 8 — 7 Sopha H B
H B 10 — 9 H B
H B 12 — Billets de Bains — 11 H B

Armoire
Sopha — *Compartiment Salon* — H B
Toilette — *Bains et Toilette*
Water Closets Messieurs — Nombre de Voyageurs .... — *Lavabo*
Armoire — *Fumoir*
Sopha — Comptant .... Billets .... Total .... — Sopha

Nota. *Au verso le ticket indique par chaque voyageur le trajet effectué, le nombre de milles correspondant au trajet, le prix et les noms des Sleeping cars du modèle de ce diagramme*

(1) On ne délivre des billets de « sleeping-car » que dans les grandes villes, mais on peut toujours se faire réserver un lit par télégraphe.

chaque voyage un diagramme analogue au modèle ci-joint où chaque lit occupé est marqué, et où sont, en outre, indiqués les suppléments de bains, les « transfers » (changements de wagon, correspondance), etc.

Les dining-cars dépendent de la même organisation. Chaque car fait la navette entre deux points de la ligne, et le service est fait de telle sorte que le dining-car ne roule pas la nuit; il est accroché le matin au train montant qu'il quitte le soir, pour prendre un train descendant le lendemain matin. Comme il y a un train par jour dans chaque sens, il y a un dining-car pour environ 400 *km*. Le personnel des dining-cars comprend : un maître d'hôtel, deux garçons, un cuisinier et un aide; le prix des repas est uniformément fixé à 75 cents.

Les wagons de luxe portent en général un nom; les sleeping-cars, le nom d'une ville : Montréal, Tokio, Sydney; les restaurants, le nom d'un château célèbre d'Europe : Windsor, Versailles, Saint-Cloud, etc.

Outre les sleeping-cars de luxe, le Canadian Pacific Railway offre encore aux voyageurs deux classes de wagons-lits :

1° Tourist-cars, qui possèdent tous les avantages des sleeping-cars de luxe : lits avec rideaux, porters, etc., mais qui sont beaucoup moins luxueux; dans ces wagons, une petite cuisine permet aux voyageurs de faire chauffer leurs repas. Ce service, qui commence seulement à s'organiser, n'a encore lieu que sur les grandes lignes : Montréal-Chicago, Montréal-Winnipeg. Il n'est pas délivré de billet pour les courts trajets, et il arrive souvent que le trajet s'effectue par wagon complet ;

2° Le colonist sleeping-car dont nous avons parlé est le wagon de 2e classe qui ne circule que sur les longs trajets. Il est agencé pour permettre le couchage des voyageurs, mais la literie n'est pas fournie.

Le tarif des parlor, sleeping et tourist-cars varie avec la distance parcourue; le minimum de perception est de 50 cents, qui correspond à peu près à un trajet de deux heures en parlor-car.

Cependant on peut dire que le prix du sleeping est de $ 3 par vingt-quatre heures de trajet. Or, comme on fait en moyenne 550 milles par vingt-quatre heures, soit 880 *km*, le prix est d'environ 0,015 *f* à 0,02 *f* le kilomètre. Le prix du tourist-car représente environ le quart du prix ci-dessus. Nous donnons ici quelques prix sur le Canadian Pacific Railway.

Sleeping-cars. Montréal à	Halifax	$ 4 »	à	Ottava	$ 2 »
—	Toronto	2 »		Fort-William	6 »
—	Détroit	3,50		Winnipeg	8 »
—	Chicago	5 »		Vancouver	20 »
Tourist-cars. Montréal à	Boston	0,50	à	Winnipeg	2,50
—	Détroit	0,75		Vancouver	5 »
—	Chicago	1,25			

Les prix sur le Saint-Paul, Minneapolis et Sault Sainte-Marie Railroads, ligne américaine en connection avec le Canadian Pacific, sont les suivants :

1° *Parlor-cars* jusqu'à	65 milles	$ 0,25
—	260 —	1,00
—	520 —	2,00
2° *Sleeping-cars* jusqu'à	315 —	1,50
—	415 —	2,00
—	515 —	2,50

On voit, par les quelques chiffres précédents, combien les wagons-lits sont bon marché en Amérique, et combien, par suite, ils sont entrés dans les mœurs du pays. Ne serait-il pas à souhaiter de voir les tarifs de la Compagnie des wagons-lits européens devenir plus abordables?

Voici comment se décompose la liste des wagons du Canadian Pacific Railway :

Wagons à voyageurs, 1re classe	183
— — 2e classe	159
Sleepings-cars, restaurants et salons	118
Bagages, postes et messageries	177
Wagons particuliers	28
Marchandises et bestiaux	11 903
Fourgons pour trains de marchandises, etc.	300
Wagons plate-forme	3 331
Wagons à charbons, etc.	471
TOTAL	16 670

Nous allons entrer maintenant dans quelques détails de la construction en ce qui concerne deux points importants des wagons américains :

1° Roues et trucs de wagons;

2° Système d'accouplement.

Roues et trucs. — Comme nous l'avons déjà dit, le système des wagons du Canadian Pacific Railway est exclusivement celui dit « à boggies ». Il comprend deux trucs, chacun étant placé à l'extrémité du wagon.

Ces trucs sont de trois sortes :

1° Trucs pour wagons de luxe ;
2° Trucs pour wagons à voyageurs ;
3° Trucs pour wagons à marchandises ou à ballast.

La première de ces catégories comprend des trucs à trois essieux; les deux dernières, des trucs à deux essieux.

Les trucs des wagons à voyageurs sont composés d'un bâti solide en madriers, de 4″×6″, munis d'armatures en fer ou en fonte réunies par des boulons; au centre est fixée la cheville ouvrière qui s'engage au-dessous du wagon. Les roues, en général, ont 1 *m* de diamètre, et sont montées sur des axes de 108 *mm* de diamètre. L'empatement occupé par un truc de six roues, est de 3 *m* × 2,20 environ. Les roues reposent sur le truc proprement dit au moyen d'un double système de ressorts : ressorts à boudins directement placés sur les boites à graisse, et ressorts à lames, dans le sens de la largeur, pour compléter l'action des premiers. Grâce à cette suspension double et aux six roues, le passage des joints des rails est très peu sensible, puisqu'il y a toujours deux points d'appui sur le même rail. Quant aux trucs de marchandises, ils n'ont qu'un seul système de suspension par ressort à boudin, et sont d'une construction solide, mais ordinaire.

Les roues sont, en général, en fonte; pour les wagons à marchandises, elles sont mises au service brutes de fonte ; pour les trucs de tenders, les petites roues de la locomotive et les trucs de wagons à voyageurs, elles sont en fonte ou en fer, mais toujours tournées ou munies d'un bandage en acier. Le Canadian Pacific Railway a essayé les roues en papier comprimé, mais l'adoption n'en a pas été faite. Il tend, au contraire, à remplacer ses roues de fonte par des roues en fer forgé.

Les roues en fonte sont fabriquées à Montréal dans les ateliers de construction des wagons. La composition exacte du métal est tenue secrète, mais les qualités de fonte employée sont les suivantes : fonte au bois, fonte du lac Supérieur (très pure), fonte de Salisbury. Il ne nous a pas semblé qu'on incorporait un peu d'acier dans le métal fondu, comme nous l'avions vu faire aux États-Unis. La composition ci-dessus est celle du métal neuf ; on en emploie seulement 40 0/0, les 60 0/0 restants étant constitués par des débris de vieilles roues.

Les roues qui doivent être mises en service brutes de fonte sont fondues dans des moules mixtes; la périphérie du moule est formée par une coquille en fonte, disposée pour obtenir un rapide refroidissement par circulation d'air, c'est ce qui permet d'obtenir une dureté suffisante de la fonte; le centre du moule est fait en sable jaune assez maigre, la roue porte au centre une série de nervures disposées en hélice.

Quand la roue est destinée à des wagons à marchandises, elle est mise en service telle qu'elle est démoulée, et c'est le roulement qui est seul chargé de régulariser sa circonférence. Quand la roue en fonte doit être employée sans bandage également, mais dans la construction des locomotives ou des tenders, on tourne la portion de roulement au moyen d'un système de meules en émeri, les outils en acier ne faisant pas un travail suffisant avec la fonte trempée.

Enfin, quand les roues doivent être employées pour des wagons à voyageurs, on les munit toujours d'un bandage en acier. Celui-ci est fabriqué chez Krupp, en Allemagne. Il est fixé sur la partie en fonte de la roue au moyen de deux plaques circulaires maintenues par des boulons *(fig. 21)*.

Les diamètres des roues sont, pour les dimensions les plus employées : 0,706 *m*, 0,760 *m* et 0,838 *m*.

Pour terminer ce qui a rapport aux roues, disons que les roues de locomotive sont en fer ou en fonte ; dans le premier cas, ce sont des pièces de forge qui ne sont différentes des pièces similaires françaises que tout à l'honneur de celles-ci; pour les roues en fonte, elles sont fondues avec la jante et les raies creuses, mais leur usage tend à disparaître pour n'employer exclusivement que les roues forgées, comme cela se pratique en France.

Systèmes d'accouplement. — Le Canadian Pacific Railway emploie trois systèmes d'accouplement; aucun d'eux ne comporte l'emploi de tampons :

1° Le système primitif, formé d'un maillon allongé en acier forgé s'engageant dans le tampon central du wagon, la traction s'opérant au moyen d'une forte goupille dans chacun des tampons. Ce système, qui a l'inconvénient de n'offrir aucune élasticité au démarrage, a, de plus, celui d'être très dangereux pour les hommes qui doivent enfoncer la goupille. Il est cependant encore employé dans un grand nombre de wagons du Canadian Pacific Railway.

2° Un système plus perfectionné consiste dans l'emploi du crochet automatique *(fig. 22)*; il est surtout appliqué aux wagons à voyageurs. Lorsque deux crochets semblables se présentent l'un en face de l'autre, chacun d'eux forme ressort, et les deux encoches viennent entrer l'une dans l'autre. Quant au désaccouplement, il s'effectue au moyen d'un levier manœuvrable de la plate-forme du wagon.

Outre que cette manœuvre du levier est très dure, s'il y a un peu de rouille, il est arrivé en Amérique que, les diverses Compagnies n'ayant pas fait leurs crochets identiques, l'accouplement ne pouvait s'effectuer; on est obligé de ménager une cavité et un trou dans la tête du crochet pour rendre possible l'accouplement avec des wagons d'autres Compagnies, au moyen du maillon dont nous avons parlé plus haut.

3° Dans une convention générale des constructeurs de wagons américains, il y a quelques années, il a été décidé de choisir un « Standar car cou[illegible] » *(fig. 23)*, c'est-à-dire qu'on a déterminé un profil-type de [illegible]et d'attache qui permette d'accoupler n'importe quels wagons entre eux. Nous donnons ci-inclus le profil choisi avec ses cotes; nous donnons aussi un dessin de l'ensemble de la barre d'attelage avec les dimensions principales. On voit qu'avec ce système, le déplacement des deux pièces l'une par rapport à l'autre, dans le sens vertical, est possible. On a laissé la liberté aux constructeurs de créer des systèmes différents, pourvu que le profil choisi soit respecté.

Le principe consiste à avoir un crochet dont la partie A, qui peut

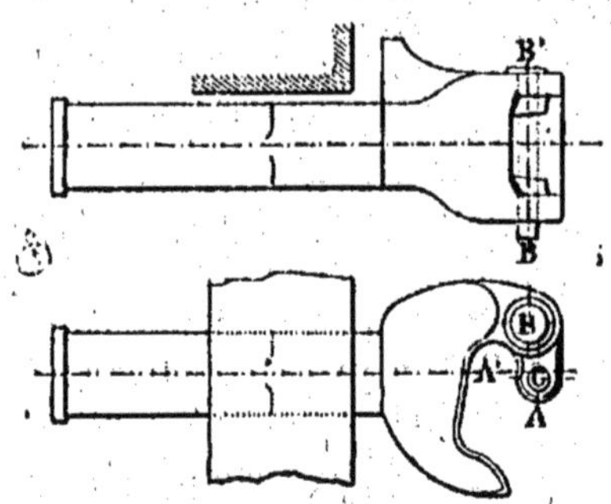

pivoter en B, vient exactement s'adapter dans la partie A' du crochet voisin ; un système de came en acier, analogue à un loquet de porte, permet de faire l'accrochement automatique, tandis qu'un levier facilement manœuvrable ouvre le loquet, permet à la partie A de pivoter librement autour de B, et, par conséquent, à la partie en A' de venir en arrière. Un trou est ménagé en C pour permettre l'accouplement au moyen d'un maillon, comme nous l'avons vu ci-dessus.

Cette réglementation des attaches a donné naissance, aux États-Unis, à un grand nombre de dispositifs brevetés, au sujet desquels une longue pratique permettra seule de juger de la valeur des inventions.

Le Canadian Pacific Railway a commencé à installer ce système d'attaches sur ses wagons de luxe qui circulent entre Montréal et les États-Unis, et peu à peu appliquera cette disposition à tous ses wagons.

Nous donnons le dessin d'un système de connection pour wagons-vestibules, c'est-à-dire munis de soufflets entre les wagons. La communication entre les plates-formes est assurée au moyen de deux larges tampons maintenus l'un contre l'autre par des ressorts. Au centre, un fort ressort amortit le choc au moment de l'accouplement, et de chaque côté des ressorts plus petits permettent le passage des courbes *(fig. 24)*.

Ce système de wagons vestibulés tend de plus en plus à être appliqué dans les wagons de luxe ; grâce à lui, on n'a pas à craindre la poussière, le vent, le froid, au moment où l'on ouvre la porte des wagons, et dans ces conditions le passage s'effectue en toute sécurité. Il faut, du reste, reconnaître qu'il y a déjà longtemps que le système des soufflets est appliqué en France aux wagons-poste, et que son usage commence à se répandre pour les wagons à voyageurs.

CHAPITRE V

Colonisation. — Hôtels, etc.

Pourquoi émigrer au Canada? Tel est le titre d'une brochure que vient de faire paraître le Canadian Pacific Railway, pour répandre parmi les populations de langue française de l'Europe. A cette question, l'auteur de la brochure répond... en Normand :

« Pourquoi demeurer dans la vieille Europe chargée d'impôts et de population ? Pourquoi végéter sur de petits morceaux de terres qui suffisent à peine à nourrir misérablement ceux qui les cultivent? Pourquoi rester plus longtemps à travailler sur des fermes qui ne vous appartiendront jamais, lorsqu'il vous suffit de venir au Canada pour devenir propriétaire, et absolument pour rien, de 64 *ha* d'une terre vierge sans pareille, produisant sans engrais, de 25 à 40 *hl* de blé à l'hectare? »

La Compagnie, en effet, avait reçu du Gouvernement 25 millions d'acres de terre; à la suite de divers arrangements, elle a possédé 20 509 386 acres (8 000 000 d'hectares). Le 1er janvier 1892 elle avait vendu 3 797 778 acres, et il lui reste encore à vendre 16 711 500 acres.

La brochure que nous mentionnons ci-dessus donne de longs détails qui peuvent constituer le *Guide du colon au Canada.* Nous nous contenterons d'en donner un abrégé très succinct.

L'émigrant doit arriver au mois de mars afin de pouvoir obtenir une récolte dès la première année. A Montréal, il passe directement des bateaux dans les wagons dits « colonist cars » qui sont attelés aux trains express et qui offrent, comme nous l'avons vu, un confortable presque analogue aux premières classes. L'émigrant doit fournir sa literie, mais il peut pour $ 2,5 acheter le nécessaire à l'agent de la Compagnie qui est chargé de ce service. Le prix pour se rendre au Manitoba est de $ 22,4, ce qui correspond, comme nous l'avons vu déjà à 0,05 *f* ou 0,06 *f* le kilomètre. Chaque billet donne droit à 150 *kg* de bagages. De plus, le transport par wagon de 10 *t* des effets mobiliers et des instruments agricoles est, jusqu'à Winnipeg, de 550 *f*, soit 0,219 *f* le kilomètre. Dans cette catégorie de wagons à bagages d'émigrants, on permet 10 têtes de bétail et 2 500 pieds mesures de planches de bois de construction. Le passage gratuit est donné à l'homme qui est chargé de soigner les bêtes. On voit que toutes facilités sont données pour aider à l'immigration.

Lorsqu'il arrive sur les terres de culture, l'émigrant est reçu par des agents de la Compagnie, et quelques jours suffisent au choix des terres afin de permettre de commencer le plus rapidement possible l'installation et la culture.

Les provinces de colonisation sont :

Le Manitoba, excellent pour les céréales et la culture mixte : celle-ci comprend une partie des terres en céréales, et l'autre en prairies naturelles pour l'industrie laitière. Un assez grand nombre de beurreries-fromageries à vapeur sont déjà en opération. La manutention des céréales est faite à chaque gare importante par des élévateurs à grains qui permettent le chargement en vrac dans les wagons.

L'Assiniboïa, dans laquelle, outre la culture des céréales, on fait l'élevage en grand des moutons.

L'Alberta, renommé pour l'élevage des bestiaux et des chevaux dans les prairies naturelles sur le versant est des montagnes.

Le Saskatchewan, qui comprend la vallée de la rivière de ce nom, dans laquelle on cultive avec succès les céréales, sans compter l'exploitation forestière et les industries minières qui sont appelées à y prendre un grand développement.

L'immense territoire que forment ces quatre provinces, s'étend au 49e parallèle, frontière des États-Unis, jusqu'à la baie d'Hudson et depuis le 97e méridien O. de Greenwich jusqu'aux Montagnes-Rocheuses; il est divisé en cinq grandes sections, par les 106e, 102e et 110e méridiens. L'espace compris entre deux méridiens comprend environ 30 cantons ou « Townships », ayant 93 *km* carrés. Le canton est divisé en 36 sections qui, elles-mêmes, sont divisées en quart de sections de 64 *ha*.

Un chemin de 20 à 30 mètres de large, suivant la province, est réservé autour de chaque section, et, dans chaque canton, deux sections sont réservées pour les écoles.

Les terrains que peut obtenir le colon sont de deux sortes :

1° Les terres gratuites du Gouvernement « Homestead » qui sont données par un quart de sections (64 *ha*) moyennant la somme de $ 10, à tout homme âgé de plus de dix-huit ans et aux veuves ayant des enfants. Le colon est tenu de construire une maison habitable et de commencer la culture dans les six mois. Pendant la première année, il devra labourer et ensemencer au moins quatre hectares de terre; la deuxième, récolter les quatre hectares et en labourer six autres; la troisième année, récolter ses dix hectares et en ensemencer six autres : c'est alors seulement qu'il reçoit son titre de propriété.

2° Les terres appartenant à des Compagnies, et principalement au Canadian Pacific Railway, qui sont situées dans la zone immédiate du chemin de fer. Dans ces régions, les cantons sont divisés d'après le diagramme suivant :

160 acres
64 hectares

NORD

✕	32 Gouv.	33 C. P. R	34 Gouv.	35 C. P. R.	36 Gouv.
30 Gouv.	29 Ecole	28 Gouv.	27 C. P. R.	26 B. H.	25 C. P. R.
19 C. P. R.	20 Gouv.	21 C. P. R.	22 Gouv.	23 C. P. R.	24 Gouv.
18 Gouv.	17 C. P. R.	16 Gouv.	15 C. P. R.	14 Gouv.	13 C. P. R.
7 C. P. R.	8 B. H.	9 C. P. R.	10 Gouv.	11 Ecole	12 Gouv.
6 Gouv.	5 C. P. R.	4 Gouv.	3 C. P. R.	2 Gouv.	1 C. P. R.

OUEST — EST

SUD

Superficie du Cancic, 36 milles carrés, 93 kilomètres carrés.
Superficie de chaque section, 1 mille carré, 259 hectares.

Le prix du terrain varie suivant la province; en moyenne il est de :

$4,50 l'acre dans le Manitoba soit 58 *f* l'hectare
3,50 — l'Assiniboïa — 45 —
3 » — l'Alberta — 39 —

Voici le détail des ventes du Canadian Pacific Railway pour les années 1890 et 1891 :

1890 87 485 acres. $ 312 664. Moyenne : $ 3,83 l'acre
1891 97 240 — 414 945. — : 4,26 —

L'avenir de ces terres fertiles du Canada est incontestable, et grâce à la grande ligne qui les traverse, elles sont appelées à prendre une plus grande valeur de jour en jour.

Hôtels.

Le Canadian Pacific Railway ne cherche pas seulement à attirer les émigrants au Canada, il a de plus créé, grâce aux splendeurs naturelles de la ligne, un courant de touristes d'été, qui constitue une clientèle riche; il a voulu avoir sous son contrôle immédiat les hôtels, et c'est pour cela qu'il les a construits lui-même. Il a établi, soit des hôtels spacieux, soit des « maisons » près des sites abrupts, soit enfin des chalets haut perchés dans la montagne; là, sans crainte d'être écorché par un hôtelier sans scrupule on trouve à un prix fixé à l'avance, — généralement $ 3 par jour — le calme et la fraîcheur qui délassent de la vie fiévreuse des villes. Les artistes et les amateurs peuvent à leur aise contempler les pics neigeux aux silhouettes grandioses, tandis que les sportsmen trouvent dans le voisinage immédiat des hôtels de vastes champs pour donner carrière à leur activité.

Banff, sur les premiers escarpements des Rocheuses, est remarquablement situé à l'abri des vents du nord et de l'ouest, et est bâti au centre du « Canadian national Park » — à l'instar du célèbre « Yellowstone Parc » des États-Unis —. Il offre la ressource de ses eaux minérales chaudes à ceux qui ne peuvent se contenter de l'eau du torrent et de l'air pur de la montagne. Le Canadian Pacific Railway a bâti un grand hôtel sur le rocher qui domine la vallée, et a tracé des routes à ses frais dans le « Canadian national Park », bâti des ponts, etc., pour l'agrément des voyageurs.

Plus haut dans la montagne, le *chalet du lac Louise* est surtout fréquenté par les pêcheurs de truite et les chasseurs qui peuvent y poursuivre le mouflon, le chamois, l'ours grizzly, l'élan, le caribou, le moose, etc.

Près du point culminant de la ligne, 1 235 *m* au-dessus du niveau de la mer, la *maison du Mont-Stephen* est bâtie pour amener les touristes dans la passe du Cheval-qui-Rue.

Dans les monts Selkirks, la *maison du Glacier* a été établie à quelques mètres de la moraine du Grand-Glacier et on peut dire qu'elle est dans un des paysages des plus grandioses.

Enfin la *maison du Fraser*, située au milieu du cañon de la rivière Fraser, permet aux pêcheurs de venir exercer leur adresse contre les plus beaux saumons du monde.

Chaque été, le Canadian Pacific Railway organise plusieurs campements sur le lac Kootenai qui est relié à la ligne par un service de steamboats; de même sur les bords du lac Supérieur qui a l'avantage de n'être qu'à une journée de Montréal.

Pour terminer, citons l'hôtel Terminus que le Canadian Pacific Railway fait actuellement construire à Québec. Cet hôtel, qui porte le nom de Frontenac, le héros français, est bâti à l'extrémité de l'admirable terrasse Dufferin; il vient d'être terminé il y a quelques mois et est un des plus confortables et des plus artistiques de l'Amérique.

CHAPITRE VI

Services accessoires du Canadian Pacific Railway : Télégraphes.

C'est par la pose des fils télégraphiques que le Canadian Pacific Railway a commencé ses travaux en 1880. Il était en effet nécessaire, étant donnée la distance entre les divers chantiers, de les mettre les uns et les autres en communication avec les bureaux centraux des Ingénieurs.

Depuis 1885 que la Compagnie est en exploitation, le télégraphe a pris une grande importance, car la ligne est en voie unique, et le mouvement des trains se fait fréquemment par le télégraphe, comme nous l'avons vu en parlant de l'exploitation.

Nous ne dirons donc qu'un mot pour rappeler le rôle des « train dispatchers »; le « chief train dispatcher » a le contrôle absolu des trains circulant sur sa section, et il a la préférence sur tout autre pour l'usage du fil.

Outre la marche des trains, le télégraphe est largement utilisé pour les autres services : voyageurs, marchandises, traction, travaux de la voie et des ponts, etc.

Étant donnée l'importance de ce département, la Compagnie a dû créer un service propre pour son usage sans s'adresser, comme cela s'était fait aux États-Unis, à des Compagnies privées déjà existantes. Bien plus, le Canadian Pacific Railway en a profité pour s'en faire même une source de profits.

Dès le 13 septembre 1886, c'est-à-dire moins d'un an après l'ouverture de la ligne, tous les bureaux télégraphiques du Canadian Pacific Railway étaient ouverts au service public et, depuis cette époque, les recettes ont toujours été en augmentant.

On comprend facilement qu'avec de hauts poteaux permettant l'adjonction de fils spéciaux sur les parties chargées de la ligne, le Canadian Pacific Railway puisse transmettre les dépêches privées, sans voir s'augmenter largement les frais d'entretien nécessités par le propre service du chemin de fer, et c'est l'importance de ce département qui a fait placer à sa tête un directeur spécial.

Actuellement le Canadian Pacific Railway a fait parvenir ses lignes dans tous les points importants du Canada. De plus, il est en communication avec un certain nombre d'autres lignes, aussi bien au Canada qu'aux États-Unis. Les lignes sous-marines sont dites du système Mackay-Benett, et sur leur prospectus elles se signalent par cette mention : « 3 000 milles and return in 45 seconds. »

Le télégraphe du Canadian Pacific Railway a pris de jour en jour plus d'extension, puisque de 8 000 milles de fils en 1885, il en possédait 25 000 milles en 1892.

Dans les petites villes où le chemin de fer ne passe pas, le Canadian Pacific Railway s'est arrangé pour l'envoi des dépêches par le téléphone, et l'on peut dire que toute agglomération un peu importante est actuellement desservie.

Pour éviter les erreurs de transmission, on opère sur des sections très longues.

Cap Canso à Montréal.	environ	500	milles	soit	800 *km*.
Montréal à New-York.	—	1 000	—	—	1 600
Montréal à Chicago.	—	1 000	—	—	1 600
Montréal à Winnipeg.	—	1 400	—	—	2 240
Winnipeg à Vancouver. . . .	—	1 500	—	—	2 400
Vancouver à San-Francisco . .	—	1 050	—	—	1 680

Pendant la nuit, la communication directe est établie entre New-York et Winnipeg, 3 200 *km* et fréquemment entre New-York et San-Francisco, via Montréal-Vancouver, 7 200 *km*.

Grâce à la température sèche du Canada, la transmission se fait en général dans de très bonnes conditions ; du reste, rien n'est négligé pour assurer un entretien facile.

Les poteaux sont en cèdre et choisis avec le plus grand soin, tous ceux qui n'ont pas 18 *cm* de diamètre au sommet sont éliminés. Ils sont en général longs de 8 à 10 *m* et sont enterrés de 1,50 *m*. Il y a en moyenne 20 à 22 poteaux au kilomètre.

On emploie des fils de fer galvanisé ayant une faible résistance électrique, et cependant une grande force à la traction.

Les isolateurs sont des godets en porcelaine posés sur de petites chevilles en bois ; les isolateurs en verre coûtent meilleur marché, mais ils ont été abandonnés comme se brisant facilement sous l'effet du froid et de la contraction des fils. Dans certaines parties de la voie, on place les fils sous terre à cause des avalanches de neige qui glissent des montagnes au dégel.

Tous les 800 kilomètres environ, un agent est muni d'un appareil pour vérifier le bon fonctionnement de la ligne. Il a sous ses ordres des hommes chargés chacun d'une section de réparation ; chaque section a une longueur de 80 à 400 *km* et l'homme habite au centre de sa section. On comprend donc qu'il est toujours prêt à effectuer la réparation au premier signal. A cet effet, il est muni d'un vélocipède, qu'on place sur les rails. Cette machine, actionnée par les mains et les pieds, marche aisément à 16 *km* à l'heure, et il n'est pas rare de voir des hommes faire jusqu'à 160 *km* dans leur journée par ce moyen.

Les ouvriers montent aux poteaux au moyen de crampons attachés à leurs jambes ; quelques paires de pinces et un petit moufle pour tendre le fil composent en général tout leur outillage.

On cite quelques curieuses causes d'interruption : un jour, c'était un ours qui était monté au sommet d'un poteau et établissait la communication ; une autre fois des bandes de canards sauvages avaient cassé tous les fils. Quoi qu'il en soit, ces accidents sont rares et le service souffre rarement d'interruptions même momentanées.

Les appareils du système Morse sont exclusivement employés dans toute l'Amérique du Nord avec l'alphabet bien connu créé par l'inventeur.

Mais une grande différence réside dans l'appareil récepteur ; on a bien vite abandonné la bande de papier sur laquelle s'imprime la dépêche pour adopter le « récepteur au son » ; l'oreille exercée de l'opérateur perçoit les sons longs ou brefs de l'électro-aimant et peut écrire la dépêche sans que ses yeux aient à quitter le papier. On comprend ainsi à quelle simplicité se réduisent les appareils, et quelle grande rapidité on peut obtenir dans la transmission ; mais il en résulte cet inconvénient qu'il n'existe pas une trace écrite de la dépêche. Malgré ce système, les employés des bureaux centraux qui transmettent et reçoivent sans arrêter toute la journée, sont soumis à des règlements fort sévères : toute erreur leur vaut une amende, de même, s'ils interrompent la transmission plus de six fois dans la journée pour faire répéter un mot mal compris !

Le Canadian Pacific Railway a envoyé l'année dernière près de un million et demi de dépêches, qui représentent une somme de 3 700 000 *f* environ.

Le prix des dépêches pour le public varie suivant la distance; il est de 25, 50, 75 cents et un dollar pour dix mots en dehors de l'adresse et de la signature.

Les télégrammes collationnés par répétition en retour sont payés 50 0/0 en plus et, dans ce cas, la Compagnie se tient responsable d'une somme égale à 50 fois le montant total de la dépêche. Les télégrammes collationnés ordinaires ne paient qu'une prime de 1 0/0 de leur valeur pour les distances jusqu'à 1 000 milles; au delà, la prime est de 2 0/0, mais la Compagnie n'est pas responsable de ses télégrammes.

La Compagnie des télégraphes du Canadian Pacific Railway, étant donnés ses nombreux emplois pour les relations internationales, a acquis actuellement la plus grande importance.

A côté des télégraphes, il y a la *Compagnie d'Express* qui a à peu près la même organisation. On appelle en Amérique « Compagnie d'express » des entreprises particulières qui se chargent de l'envoi des colis par trains express; il se trouve ainsi réuni dans une seule main ce que nous appelons en France colis postaux, petits paquets et messageries. Elles servent aussi au transport des fonds dont la poste ne se charge pas au-dessus d'une certaine somme. L'envoi par les Compagnies d'express est très employé en Amérique, et chaque chemin de fer a sa Compagnie d'express affiliée.

Le Canadian Pacific Railway a fondé une Compagnie d'express qui porte le nom de « Dominion Express C° ». Les employés de chemin de fer sont en même temps les agents de la Compagnie d'express et l'on comprend que, par suite, les dépenses soient minimes. Les recettes de la « Dominion Express C° » se sont élevées, l'année dernière, à près de 300 000 dollars. Le tarif varie suivant la distance, avec laquelle il diminue dans de fortes proportions; on peut prendre comme tarif moyen le prix de 0,25 *f* les 100 *km* pour un poids de 5 *kg*, ce poids n'étant soumis à aucun maximum.

Bateaux.

Au début de l'ouverture de la ligne en 1885, Fort-William était la situation terminus de l'Est, et l'on faisait le trajet de Montréal à Fort-William par les lignes du Bas-Canada et les lacs; c'est ce qui amena le Canadian Pacific Railway à créer sa propre ligne de bateaux des lacs.

D'un autre côté, quelques années plus tard, en 1889, Vancouver, le terminus de l'ouest, fut créé port d'attache de la grande ligne transpacifique du Canadian Pacific Railway pour le Japon et la Chine.

Enfin de Vancouver l'on créa une ligne quotidienne avec Victoria, capitale de la Colombie Britannique, ainsi qu'une ligne pour l'Alaska.

Ligne des Lacs. — Cette ligne fait le service entre Fort-William, le port créé par le Canadian Pacific Railway, et Owen-Sound dans la baie Géorgienne, en passant par le canal du Sault-Sainte-Marie. Signalons en passant, pour montrer l'importance de la navigation des lacs, que le trafic du canal du Sault-Sainte-Marie, bien que la navigation y soit interrompue en hiver, a été, en 1892, de 10 647 206 *t*, c'est-à-dire près de 20 0/0 en plus que le canal de Suez. Le trafic des lacs représente 22,6 0/0 du trafic total des États-Unis. Le prix du fret est d'environ 0,46 *f*, c'est-à-dire moins d'un demi-centime, par tonne et par kilomètre.

Le port d'Owen-Sound est relié par une voie ferrée avec la région Toronto-Hamilton sur le lac Ontario d'où les produits se rendent à Montréal ou aux États-Unis par les voies du Canadian Pacific Railway.

La ligne de bateaux prend comme fret de retour les produits manufacturés du bas Canada pour les envoyer dans l'ouest. Ce service des bateaux avait le grave inconvénient d'être arrêté en hiver et c'est ce qui a déterminé le Canadian Pacific Railway à construire la ligne de Fort-William à Montréal, malgré toutes les difficultés de la route et le trafic local à peu près nul.

Malgré cela, le service se continue toujours du 15 mai au 15 novembre, et se transforme peu à peu en une ligne de touristes, les steamers ayant été aménagés *ad hoc* par l'adjonction de cabines nombreuses éclairées à l'électricité, etc.

Les bateaux ont été construits par les ateliers de la Clyde, en Écosse, et portent les noms des trois provinces de l'ouest : Alberta Athabaska et Manitoba. Ils ont 100 *m* de long et jaugent 2 600 tonneaux ; ils sont aménagés pour 250 passagers ; les machines sont à triple expansion simple et peuvent développer 2 500 *ch*, avec une vitesse de 16 milles terrestres à l'heure (1). La durée du trajet est de 44 heures, la distance étant de 554 milles entre Fort-William et Owen-Sound, avec arrêts au Sault-Sainte-Marie.

(1) Par les grands lacs on compte toujours les distances en milles terrestres.

Ligne transpacifique. — Cette ligne part de Vancouver pour aller à Yokohama et Hong-Kong avec escale à Sanghaï.

Les vaisseaux ont été construits en Écosse en 1890, et ont été envoyés dans l'océan Pacifique l'année suivante. On a profité de leur départ de Liverpool pour organiser un voyage autour du monde avec escale dans les principaux ports, puis retour par la ligne du Canadian Pacific Railway et les transatlantiques. La Compagnie trouva ainsi un moyen pratique d'alléger ses dépenses de premier voyage.

L' « Impératrice-des-Indes », l'« Impératrice-de-Chine », l'« Impératrice-du-Japon », sont de magnifiques steamers de 160 *m* de longueur sur 17 *m* de large, avec un tirant d'eau de 10,5 *m*; tonnage : 5 905 *tx* et 3 000 *t* de marchandises.

Ils sont munis de deux hélices actionnées chacune par une machine à triple expansion de 5 000 chevaux.

Dimensions des cylindres :

Diamètre	0,80 *m*
—	1,27
—	2,06
Course commune.	1,36

La vitesse moyenne est de 17 nœuds, c'est-à-dire que la distance entre Yokohama et Vancouver est en général franchie en 14 jours.

Le Canadian Pacific Railway a aussi créé, comme nous l'avons dit, un service rapide entre Vancouver et Victoria — 90 milles marins — Cette distance est franchie en 6 heures, grâce au bateau « Islander ». C'est ce navire, aménagé pour plus de 100 passagers de cabine, qui va deux fois par an en Alaska jusqu'au Muir-Glacier, par 59° de latitude nord.

Nous avons étudié, au cours de ce mémoire, les principales questions qui touchent au Canadian Pacific Railway et qui nous ont paru intéressantes pour la Société des Ingénieurs civils de France. Combien d'autres, malheureusement, avons-nous dû laisser de côté pour ne pas sortir du cadre de cette étude.

Résumons-nous en quelques mots :

Le réseau transcontinental du Canadian Pacific Railway a été commencé par le Gouvernement Canadien ; puis, les travaux repris par une Compagnie privée en 1880 n'ont pas tardé à être menés à bonne fin. En 1885, la ligne était ouverte par les lacs et moins de deux ans après, la côte du Pacifique reliée directement à Montréal. Il n'y a qu'à jeter les yeux sur une carte du pays, pour comprendre l'importance de cette ligne. Aussi, les résultats financiers se sont-ils améliorés d'année en année, au fur et à mesure que le trafic s'augmentait. Le bilan établi l'année dernière montre la situation florissante des finances.

Si cette situation est devenue excellente en peu de temps, c'est que les directeurs ont su s'assurer le concours d'hommes compétents à la tête de chaque service. Les Ingénieurs se sont appliqués à remplacer les anciens ouvrages en bois par des ouvrages durables, solides et en même temps très économiques : l'acier dans un grand nombre de cas, la pierre dans d'autres, ont permis de réaliser ces conditions.

Les qualités convenablement choisies du métal ont permis de baser les calculs sur un cahier des charges souvent très sévère. Les ponts métalliques du Canadian Pacific Railway, au moins ceux du système à rivure rigide, ont un poids relativement faible, si on les compare aux ponts métalliques que l'on construit en Europe.

Le remplacement des viaducs en chevalets de bois par des ouvrages maçonnés surmontés de remblais, a permis de réduire dans une large proportion les dépenses d'entretien des ouvrages d'art. La voie elle-même et ses accessoires sont aujourd'hui dans des conditions telles que la stabilité des rails est assurée, et, par suite, la sûreté et la régularité du trafic.

Les stations et tout ce qui en dépend sont établis de façon à permettre une augmentation des bâtiments en même temps que croît l'importance des points desservis par la ligne.

En ce qui concerne l'exploitation, tous les efforts tendent à la rendre régulière et économique ; les « time tables » ainsi que les « Règles et Régulations » nous ont permis de donner une idée de ce qu'était cette exploitation au Canada, et si les renseignements sur les tarifs ont été un peu succincts, il ne faut s'en prendre qu'à l'organisation elle-même des chemins de fer en Amérique, qui permet de changer le prix des transports au seul gré des agents de la Compagnie.

Là où les Américains sont passés maîtres, et où le Canadian Pacific Railway occupe une des premières places, c'est dans la construction des locomotives et des wagons. Les machines à la fois puissantes, stables et bon marché, permettent de traîner des trains lourds, sur un profil à grandes pentes, et à courbes de faible rayon. Quant aux wagons, ce n'est que grâce à leur construction confortable et à leur aménagement qu'on peut supporter les longues heures de voyage qui seraient une fatigue dans nos meilleurs compartiments européens. Les sleepings-cars sont construits et organisés avec le plus grand soin; on n'a pas non plus oublié les voyageurs peu fortunés pour lesquels le « colonist sleeping-car » offre un confortable relatif.

A côté de ces services principaux de la construction et de l'exploitation, nous avons dit en terminant quelques mots des services accessoires du chemin de fer : colonisation, et hôtels; établissement des télégraphes et du service de messageries; enfin, création de diverses lignes de bateaux appartenant à la Compagnie, ligne du Japon et de la Chine, ligne des Lacs, etc.

Est-ce à dire que le Canadian Pacific Railway ne donne lieu à aucune critique? Nous n'irons pas jusque-là; cette grande Compagnie américo-canadienne a, nous l'avons vu, les qualités des chemins de fer des États-Unis; elle en a aussi les défauts : parfois l'absence des scrupules que nous avons en Europe, un respect de la légalité souvent un peu succinct en ce qui concerne notamment le droit des gens; une désinvolture un peu excessive vis-à-vis des voyageurs et des marchandises transportées...

La grande artère transcontinentale dont nous avons à grands traits développé les points principaux est appelée, dans l'avenir, à avoir une importance toute particulière.

Non seulement elle a apporté la vie et la prospérité dans le « Far West » canadien, cette région immense qu'avaient si longtemps hantée les Indiens et les bisons, mais elle a en même temps créé un débouché pour les terres fertiles du Canada central et pour les produits de l'élevage, dont l'exportation augmente d'année en année.

C'est grâce à elle que l'on peut mettre en valeur les richesses forestières de la vallée supérieure de l'Ottawa, de l'Algoma, du Lac des Bois, et surtout de la colonie anglaise, où les arbres atteignent des proportions si gigantesques.

Grâce à elle encore, il est possible maintenant d'aller chercher dans le sein de la terre les richesses qui y sont enfouies, mais qui sont malheureusement encore trop peu connues : cuivre et nickel à Sudbury, fer et argent au lac Supérieur; métaux précieux dans l'Algoma, au Lac des Bois et dans les nombreux districts de la Colombie anglaise : anthracite à Banff, charbon à Estevan, tout près de Winnipeg, ainsi que dans les vallées de la Saskatchewan, à Lethbridge et enfin dans l'île de Vancouver.

C'est le Canadian Pacific Railway enfin qui a su amener dans ses montagnes pittoresques des touristes ; dans les plaines fertiles qu'il traverse des colons, de façon à laisser entrevoir bientôt pour le pays une ère de prospérité et de richesse toujours grandissante.

Pour terminer, envisageons les choses de plus haut. C'est le Canadian Pacific Railway qui, par sa position géographique, est la plus courte de toutes les lignes à travers le continent nord-américain. Par lui, Halifax, à 2 500 milles de Liverpool, est mis en communication avec Vancouver, port d'attache des steamers pour le Japon, la Chine, et bientôt l'Australie, et la concurrence aux lignes du canal de Suez, commence à être, dit-on, redoutable.

Le Canadian Pacific Railway va établir prochainement une ligne de steamers rapides entre Montréal et l'Europe avec escale à Cherbourg. Qui dit que ce ne sera pas cette voie, à travers le Canada devenu complètement indépendant, que la France emploiera alors pour communiquer avec l'Extrême-Orient ?... En tout cas, la ligne du Canadian Pacific Railway fournira, avec la ligne transsibérienne, le moyen aux reporters excentriques de faire le tour du monde en moins de quatre-vingts jours.

IMPRIMERIE CHAIX, RUE BERGÈRE, 20, PARIS. — 12460-5-94. — (Encre Lorilleux).

LE CANADIAN PACIFIC RAILWAY

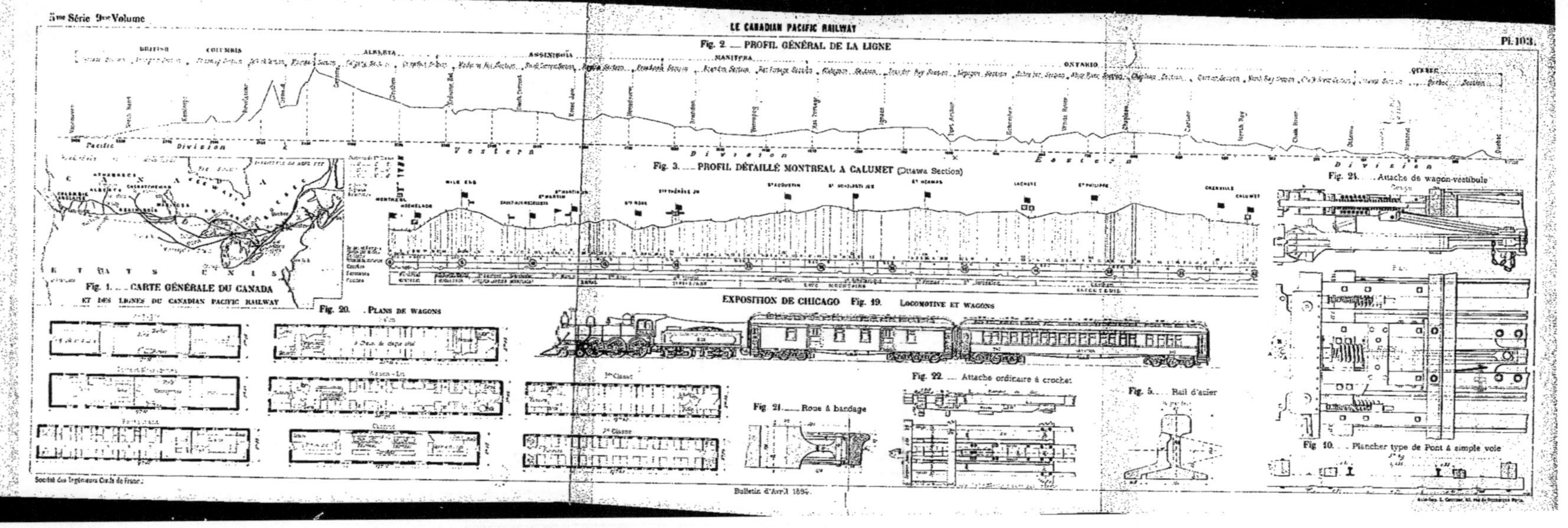

Fig. 1. — CARTE GÉNÉRALE DU CANADA ET DES LIGNES DU CANADIAN PACIFIC RAILWAY

Fig. 2. — PROFIL GÉNÉRAL DE LA LIGNE

Fig. 3. — PROFIL DÉTAILLÉ MONTREAL A CALUMET (Ottawa Section)

EXPOSITION DE CHICAGO Fig. 19. LOCOMOTIVE ET WAGONS

Fig. 20. — PLANS DE WAGONS

Fig. 21. — Roue à bandage

Fig. 22. — Attache ordinaire à crochet

Fig. 5. — Rail d'acier

Fig. 24. — Attache de wagon-vestibule

Fig. 10. — Plancher type de Pont à simple voie

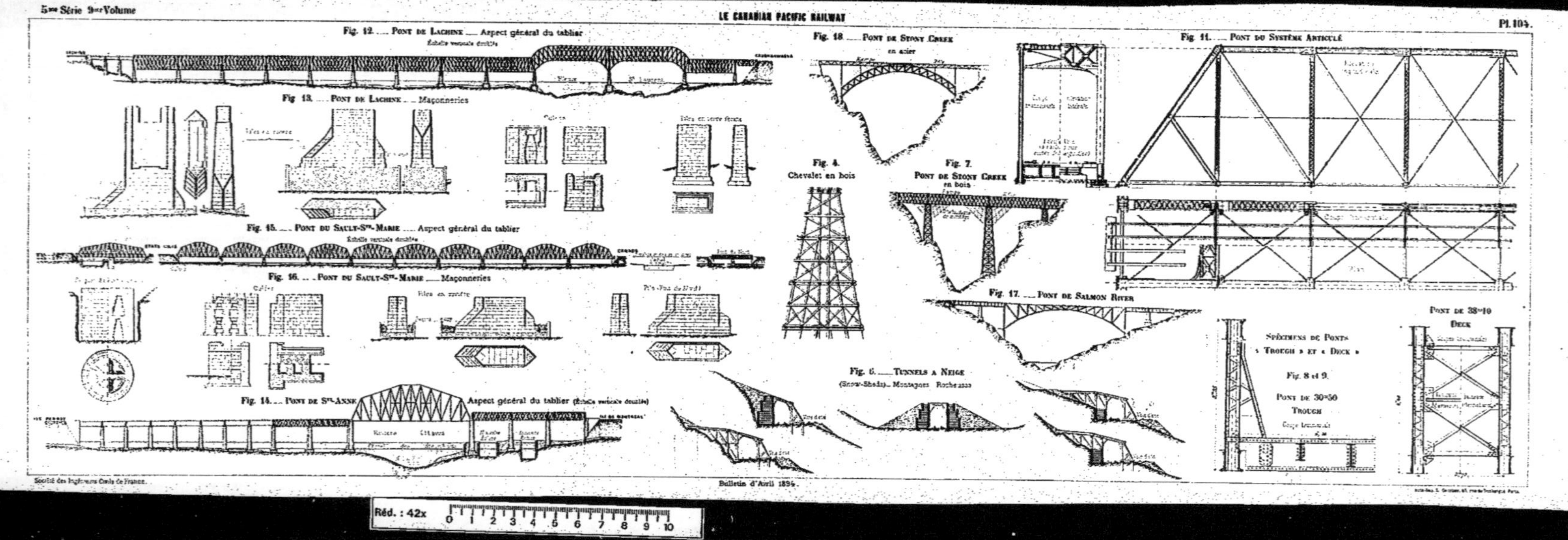
Fig. 12. — Pont de Lachine — Aspect général du tablier
Échelle verticale doublée
Fig. 13. — Pont de Lachine — Maçonneries
Fig. 15. — Pont du Sault-Ste-Marie — Aspect général du tablier
Échelle verticale doublée
Fig. 16. — Pont du Sault-Ste-Marie — Maçonneries
Fig. 14. — Pont de Ste-Anne — Aspect général du tablier (Échelle verticale doublée)
Fig. 18. — Pont de Stony Creek
en acier
Fig. 4.
Chevalet en bois
Fig. 7.
Pont de Stony Creek
en bois
Fig. 17. — Pont de Salmon River
Fig. 6. — Tunnels a Neige
(Snow-Sheds) — Montagnes Rocheuses
Fig. 11. — Pont du Système Articulé
Spécimens de Ponts
« Trough » et « Deck »
Fig. 8 et 9.
Pont de 30m50
Trough
Pont de 38m10
Deck

Documents manquants (pages, cahiers...)
NF Z 43-120-13

www.ingramcontent.com/pod-product-compliance
Ingram Content Group UK Ltd.
Pitfield, Milton Keynes, MK11 3LW, UK
UKHW020202200726
13856UKWH00003B/1138